嫦娥
探月工程

潘文彬　温牡玉　黄佳蕙　谭秀娟　编著

SPM 南方出版传媒

广东科技出版社｜全国优秀出版社

·广 州·

图书在版编目（CIP）数据

嫦娥探月工程 / 潘文彬等编著. —广州：广东科技出版社，
2021.6（2022.6重印）
ISBN 978-7-5359-7680-2

Ⅰ.①嫦⋯　Ⅱ.①潘⋯　Ⅲ.①月球探索－中国　Ⅳ.①V1

中国版本图书馆CIP数据核字（2021）第119224号

嫦娥探月工程
Chang'e Tanyue Gongcheng

出 版 人：朱文清
策　　划：严奉强
责任编辑：黄　铸　林记松
装帧设计：友间文化
责任校对：廖婷婷
责任印制：彭海波
出版发行：广东科技出版社
　　　　　（广州市环市东路水荫路11号　邮政编码：510075）
销售热线：020-37607413
http：//www.gdstp.com.cn
E-mail：gdkjbw@nfcb.com.cn
经　　销：广东新华发行集团股份有限公司
印　　刷：东莞市翔盈印务有限公司
　　　　　（东莞市东城街道莞龙路柏洲边路段　邮政编码：523900）
规　　格：787mm×1 092mm　1/16　印张6.25　字数125千
版　　次：2021年6月第1版
　　　　　2022年6月第2次印刷
定　　价：39.80元

如发现因印装质量问题影响阅读，请与广东科技出版社印制室联系调换（电话：020-37607272）。

　　月球是距离地球最近的天体，是人类探索浩瀚宇宙的首站。自古以来，月亮激起了人类无限的遐想与憧憬，产生了各种神话传说、艺术作品，形成了以月亮为主体的风俗传统，"嫦娥奔月"的美丽神话更是千古流传。2004年，浪漫的中国人以"嫦娥"命名了中国月球探测工程——嫦娥工程（又名嫦娥探月工程）。2007年，以"嫦娥一号"探测器成功飞抵月球为标志，中国人的奔月梦想开始一步一步变成了现实。

　　2007—2020年，中国的嫦娥探月工程六战六捷，全面实现了第一阶段"绕、落、回"三步走发展战略目标。"嫦娥一号"探测器实现绕月飞行，"嫦娥三号"探测器实现了落月目标，"嫦娥四号"探测器在月球背面降落，"嫦娥五号"探测器成功采样返回。成功的背后要攻克一系列的难关，技术上要有一系列突破，也取得了一系列探索成果。

　　"嫦娥探月工程"背后有哪些故事呢？有哪些关键技术和难点呢？有哪些新发现呢？未来中国又有什么探月计划呢？《嫦娥探月工程》一书将为读者揭开中国探月工程的神秘面纱，让读者跟随"嫦娥系列探测器"去探索月球，近距离认识月球。

《嫦娥探月工程》一书是关于中国探月工程的科普图书，本书从中国浓厚的月亮情结讲起，接着详细介绍了"嫦娥一号"至"嫦娥五号"探测器的研发及探月历程、成果及工程展望。简单探讨人类探月的意义，对美苏探月历程进行回顾和比较。

本书的特点为：

（1）内容丰富、资料翔实、结构合理、注重科学性。既符合青少年认知特点和阅读习惯，又注重知识的系统性和严谨性。从早期对月亮的裸眼观测、感性认识到嫦娥探月工程的有序开展、科学探测再到未来的探月计划，线索清晰，能够满足读者探索未知的好奇心。

（2）语言生动活泼、通俗易懂。采用图文结合的方式介绍探月的相关知识，生动有趣。本书梳理了"嫦娥一号"至"嫦娥五号"探测器的奔月历程和探月成果，让读者对整个嫦娥探月工程有一个较为深入、全面的了解。

（3）图片丰富，版式美观。奔月轨迹展示图形象直观、探月成果影像图片精美，通过丰富的图片对相关内容进行说明和补充，使深奥难懂的知识变得直观易懂，让读者对嫦娥探月工程的奔月步骤和探月成果有更加形象而具体的认知。版式设计具有较强的美感，使读者能够在愉快的阅读体验中增长知识、开拓视野。

希望这本书能帮助读者更深入、全面地了解中国的探月历程，引起读者对宇宙探索的兴趣。本书写作时间仓促，难免存在缺点和错误，诚挚地欢迎读者批评、指正。

编者

2021年02月23日

目录

第1章

CHAPTER

中国人的月亮情结

月亮又称为太阴、玄兔、婵娟、玉盘。月亮在我国传统文化中被赋予了浓厚而丰富的内涵，中国民间流传的神话故事中和文人墨客笔下的月亮常常反映出中国人对月球的美好愿望。

第1节　月亮传说

中国人自古以来对月亮的遐想与崇拜丰富多样：古人想象月亮上有一座广寒宫，里面住着嫦娥仙子、玉兔和吴刚；农历七月初七是七夕节，又称为乞巧节，传说七月初七晚上喜鹊在银河上搭桥，让牛郎和织女在桥上相会（如图1-1），女子们会对着月亮向织女祈求拥有聪慧的心灵和灵巧的双手，还会向掌管人间姻缘的月亮祈求一段金玉良缘（如图1-2）；农历八月十五是中秋节，每家每户都会祭拜月亮，祈求团圆平安（如图1-3）；文人通过诗词歌赋表情达意，对月亮的遐想、崇拜、歌颂已积淀成为中国人独特的月亮情结。

图1-2　乞巧图

图1-1　牛郎织女

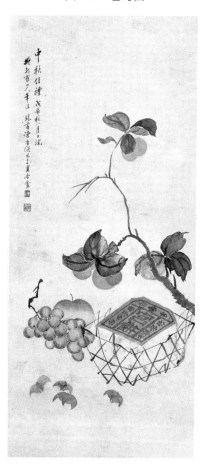

图1-3　中秋佳礼

第2节　嫦娥奔月

嫦娥奔月的故事流传着多个不同版本，此处我们介绍其中比较普遍的一个版本。

相传在远古时，天空突然出现了10个太阳，烤焦大地，烤干河水，百姓无法生活。有个年轻的神箭手叫后羿（如图1-4），他射下了天上的9个太阳，救了百姓。西王母被后羿的壮举所感动，赠给他一颗不死药。服下此药即可长生不老，升天成仙。

后羿有个美丽的妻子叫嫦娥，他每次出门前，都会把不死药交给嫦娥保管。一次，后羿与人去狩猎，他的一个手下蓬蒙趁机逼迫嫦娥交出不死药。嫦娥知道自己不是蓬蒙的对手，危急之时她转身打开百宝匣，拿出不死药一口吞了下去。随即，嫦娥的身子飘离地面、冲出窗口，向天上飞去，飞落到了月亮上，成了仙（如图1-5）。

嫦娥在中国神话故事中是居住在月亮广寒宫中的仙子，手抚玉兔，肩披绸纱。古本《淮南子》中尚有"托身于月，而为月精"八字，而现今人们更是将团圆和满的愿望加诸其上，也使得月亮在中国百姓的心里多了一份有别于其他天体的情感。嫦娥奔月的故事体现了古人对月亮的遐想和神往。

图1-4　后羿射日

3

图1-5　嫦娥奔月

第3节　诗词歌赋中的月亮

自古以来，月亮是中国文学的主题之一，是无数文学艺术作品的灵感来源。无数文人墨客留下了许多咏月的名篇佳作（如图1-6）。

月亮是文人情感的寄托。"举杯邀明月，对影成三人。"诗人李白在月夜独自一人喝酒，十分孤独，于是把月亮当作自己的酒伴，排解寂寞。

"露从今夜白，月是故乡明。"古人睹物思人，把月亮当作思念故乡亲朋好友的寄托（如图1-7）。

图1-6　中秋诗帖

图1-7　月下把杯图

月亮在文人眼中也有不同的形状。"小时不识月，呼作白玉盘。又疑瑶台镜，飞在青云端。"诗人小时候不认识月亮，把它称为白玉盘；又怀疑它是瑶台仙镜，飞在夜空青云之上。受限于科技发展程度，古人只能通过肉眼观察月球，而月球又总是一面对着地球，看上去表面没有变化，由此月球被看成一面镜子或是一个盘子。也有人认为它是"一个球"：北宋科学家沈括通过观察研究月相盈亏，认为"日月之形如丸"，推断出月亮是球形，和现代天文学完全相符，令人叹服。

月亮也有丰富的哲学意蕴。"人有悲欢离合，月有阴晴圆缺。"唐宋八大家之一的苏轼在月亮的圆缺变化中感悟出了生活哲理：残月终会变成满月，满月过后又是残月，就像人生一样起伏不定、悲喜交加。这种认识使苏轼能够更坦然地面对人生的不圆满。"今人不见古时月，今月曾经照古人。"李白通过月亮的永恒来慨叹人生的短暂。

"海上生明月，天涯共此时。""湖光秋月两相和，潭面无风镜未磨。""雁字回时，月满西楼。"……许多我们耳熟能详的诗词，都与月亮有关。诗仙李白流传下来的900多首古诗中，就有320多首写到了月亮。

可以说，月亮是中国文人青睐的自然物之一，具有丰富的文化意蕴。

第4节 万户飞天

在20世纪70年代的一次国际天文联合会大会上，月球上一座环形山被命名为"Wan Hoo（万户）"，以纪念"第一个试图利用火箭进行飞行的人"（如图1-8）。

图1-8 万户环形山

万户是中国明朝的一位官员，大约生活在14世纪末期。美国火箭专家赫伯特基姆在1945年出版的《火箭和喷气发动机》（*Rockets and Jets*）一书中提到，"约14世纪晚期，有一名中国的官吏叫万户，他在一把座椅的背后，装上47枚当时可能买到的最大火箭。他把自己捆绑在椅子上面，手持两个大风筝。然后叫他的仆人同时点燃47枚火箭，试图利用火箭向前推进的力量，加上风筝上升的力量升空。"不幸的是，火箭发生爆炸，万户为此献出了生命。在苏联、德国、英国等国的火箭专家的一些著作中，也都提到了这件事，认为万户惊人的胆略和非凡的预见，为后人进入太空打开了思路，在那个时代是富有创造性的。

万户的设计方法及其惊人的胆略、勇敢的精神，创造出了"万户飞天"的佳话，也使他成为世界载人航天活动的先驱探索者（如图1-9）。在万户之后，人类对飞天的探索从未停歇。古代的科技研究者对飞向太空一直念念不忘，并进行了大胆的试验和尝试。

图1-9 万户飞天雕像

第2章
CHAPTER
嫦娥探月工程的诞生背景

　　1970年4月24日21时35分，中国第一颗人造地球卫星"东方红一号"搭乘"长征一号"运载火箭从甘肃酒泉卫星发射场发射，由此开创了中国航天史的新纪元，标志着中国有自己的技术与能力将航天器送上太空。随着中国的经济发展与科技进步，国家综合实力不断增强，航天领域的科学家将太空探索的目光投向了月球。

第1节　特殊的礼物

"25年前，我的研究就从一块0.5克的月球岩石样品开始。"中国月球探测工程首席科学家、中国科学院院士欧阳自远说。

1978年5月，时任美国总统国家安全事务助理的布热津斯基访华时向中国赠送了一件特殊的礼物：一块由"阿波罗17号"飞船带回来的小指尖大小的月球岩石样品。月岩样品具有很高的科研价值，有关部门很快找到了远在贵阳进行陨石研究的欧阳自远，将这块天外之石交到他手中。这是欧阳自远月球研究的开始。

样品铸在一个类似于凸透镜的有机玻璃盒内，看着很大，但其实打开来只有黄豆大小，重约1克。1克重的石头看似微不足道，但是对于欧阳自远来说却是弥足珍贵。欧阳自远将这颗黄豆大的月球岩石一分为二，留下0.5克研究，另外0.5克送到北京天文馆珍藏并展出，供全国公众观赏（如图2-1）。

图2-1　在北京天文馆展出的0.5克月岩样品

图2-2　正在处理月岩样品的欧阳自远及其团队

通过对这块小小的月岩样品进行详细的研究分析，欧阳自远及其科研团队确认这一小块样品为B型高钛月海玄武岩，并得出了它的化学成分、矿物成分、结构构造、微量元素等科学数据，分析出了它的形成环境和它在月球表面是否受到阳光的照射等（如图2-2），令美国科学家大为赞叹。

自此，中国探索太空的目光投向了月球。

第2节　嫦娥探月工程诞生

1. 十年论证，正式立项

1991年，时任"863计划"航天领域首席科学家的闵桂荣院士提出中国应开展月球探测活动的建议，并成立了"863月球探测课题组"。1993

年，国防科工委组织专家论证利用一枚长征系列试验火箭发射一颗人造物体硬着陆（撞击）月球的设想。但由于该设想的科学目标不明确，加之经费不足而搁浅。1994年，时任中国科学院地球化学所所长的欧阳自远和褚桂柏等专家向"863计划"专家组递交了一份正式的探月科研项目可行性研究报告——《中国开展月球探测的必要性和可能性研究》，获得了"863计划"专家组的通过，并且欧阳自远及其团队也得到了第一笔关于探月的经费，中国真正意义上的探月计划由此开始。

1996年，我国完成了绕月探测器的技术方案研究。1998年，国防科工委正式开始规划论证月球探测工程，完成了绕月探测器关键技术研究，之后又开展了深化论证工作，先后向相关的主管部门提交了《中国月球探测发展战略研究》和《中国月球资源探测卫星科学目标》等论证报告。至2000年，中国科学院研究组完成了《中国月球资源探测卫星科学目标》的研究报告，提出了"绕、落、回"三步走的无人月球探测规划。"开展以月球探测为主的深空探测的预先研究"被列入了发展目标。2000年11月22日，中国政府首次发表了《中国的航天》白皮书，明确指出开展以月球探测为主的深空探测的预先研究。中国向国际社会庄严宣告了向深空探测进军的号令。

2001年，由欧阳自远院士牵头制定的"发射绕月卫星"第一期科学目标和有效载荷配置的方案通过国家审评。2001—2002年，资深航天专家孙家栋院士组织全国多方面力量，对首期目标又进行了为期一年的综合论证，最后得出结论：科学目标明确、先进，技术能够实现，没有颠覆性的技术问题。2003年9月，国务院同意并批准了这个计划。

2004年1月23日，国务院批准了国防科工委、财政部《关于绕月探测工程立项的请示》，标志着月球探测工程的绕月探测工程正式立项，中国正式开展月球探测工程，并命名为嫦娥工程（即嫦娥探月工程）。整个工程分为"无人月球探测""载人登月"和"建立月球基地"3个阶段。其中，第一阶段"无人月球探测"又分"绕、落、回"三步走，计划用无人航天器造访月球、探测月球、认识月球，在2020年前后完成。

2．探月领军人物

嫦娥探月工程正式开启后，探月领军人物谱迅速出炉，工程组织指挥体系也快速建立（表2-1）。

表2-1 探月领军人物谱

职务	成员
领导小组组长	中国国防科工委主任张云川
总指挥	中国国防科工委副主任、国家航天局局长栾恩杰
总设计师	中国航天科技集团公司高级技术顾问孙家栋
月球应用科学首席科学家	中科院地球化学研究所研究员、国家天文台高级顾问欧阳自远

（1）栾恩杰（如图2-3）是导弹控制技术和航天工程管理专家、中国工程院院士、国际宇航科学院院士。2015年2月10日，国际天文学联合会决定将国际永久编号为102536号的小行星命名为"栾恩杰星"，以表彰中国探月工程为人类天文学和航天技术进步做出的贡献。

（2）孙家栋（如图2-4）是中国科学院院士、北斗卫星导航系统工程首任总设计师、北斗卫星导航系统工程高级顾问、嫦娥探月工程总设计

图2-3 栾恩杰院士

图2-4 孙家栋院士

师。1999年被授予"两弹一星功勋奖章"，2019年9月17日获"共和国勋章"。孙家栋院士亲历、见证、参加了新中国航天事业的全过程。

（3）欧阳自远（如图2-5）是中国科学院院士、发展中国家科学院院士、国际宇航科学院院士，著名天体化学家与地球化学家，中国月球探测工程首席科学家。2014年11月4日，国际小行星命名委员会将一颗编号为8919号的小行星命名为"欧阳自远星"，以表彰欧阳自远对中国月球探测事业做出的杰出贡献。

图2-5　欧阳自远院士

在工程领导小组的统一领导下，按照工程总指挥、总设计师两条指挥线，嫦娥探月工程拉开了中国深空探测的帷幕。

第3章
CHAPTER

绕月的"嫦娥一号"探测器

嫦娥探月工程第一步为绕月探测。2007年10月24日18时5分，"嫦娥一号"探测器在西昌卫星发射中心成功发射升空，在圆满完成各项探测任务后，于2009年按预定计划受控撞月，实现硬着陆。结束它最后的使命。

第1节　准备工作

1. 目标确定

绕月探测工程的主要任务是对月球开展全球性、整体性和综合性的探测。经过近10年的论证，绕月探测工程最终确定了四项科学目标。

一是为月球"画像"——获取月球表面三维立体影像。划分月球地形和地貌单元；统计撞击坑大小与密度，测算月球表面年龄，研究月球早期演化历史；分析月面构造，编制月面断裂和环形构造影像及月球构造区划图，研究月球地质构造的演化史。

二是月球表面探矿。分析月球表面化学元素含量和物质类型的分布特点，绘制相关元素的全月球含量与分布图，粗略划分岩石类型，研究月球的化学演化。

三是给月壤"体检"，探测月壤特性。对月壤的结构和化学成分进行探测，评估月壤的厚度、月球的氦−3资源量和分布。

四是探测月球和地月空间环境。地月之间充满了各种磁场、原始太阳风、太阳宇宙线及行星际磁场。探测地月空间高能粒子和太阳风离子的成分、通量、能谱及其随时空的变化特征，研究太阳活动和地球磁层对近月空间环境的影响。

在确定科学目标的同时还制定了五大工程目标：一是研制和发射我国第一颗月球探测卫星；二是初步掌握绕月探测的基本技术；三是首次开展月球科学探测；四是初步构建月球探测航天工程系统；五是为月球探测后续工程积累经验。这些工程目标保证了科学目标的实现，也为我国开展月球与深空探测打下坚实的基础。

2. 四年用功，突破难题

2004年是绕月探测工程的启动年。绕月探测工程立项启动后，国防科工委、原总装备部、中国科学院和航天科技集团全面部署，开展各项准备工作，从无到有。最终为绕月探测工程构建起五大系统：发射场系统、测

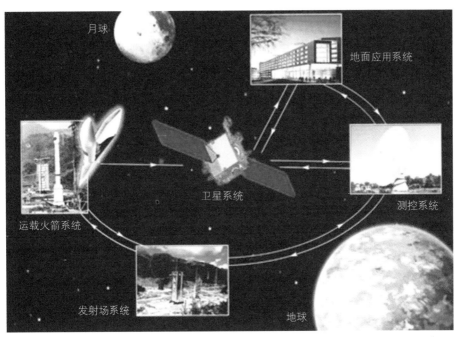

月球

地面应用系统

卫星系统

测控系统

运载火箭系统

发射场系统

地球

图3-1　嫦娥探月工程五大系统关系示意

控系统、地面应用系统、卫星系统和运载火箭系统（如图3-1）。

　　2005年是绕月探测工程的攻坚年。绕月探测工程完成了初样阶段的研制和建设工作，通过各项试验、技术攻关和系统集成，解决了大量关键技术问题，协调确定了各个系统之间的技术接口，明确了正样产品的技术状态和研制工作计划，转入正样研制阶段。

　　2006年是绕月探测工程的决战年。绕月探测工程突破了"轨道设计与飞行过程控制问题、卫星姿态控制的三矢量控制问题、卫星环境适应性设计与远距离测控及通信问题"四大难题，完成了全部正样产品的研制任务。全面开展了质量清查和全系统复核复算工作，确保各个系统无缝对接和全系统的可靠性（如图3-2）。

　　2007年是绕月探测工程的决胜年。"嫦娥一号"探测器搭载8种共24件科学探测仪器成功发射升空（如图3-3）。搭载的这8种科学探测仪器包

括微波探测仪系统、γ射线
谱仪、X射线谱仪、激光高度
计、太阳高能粒子探测器、
太阳风离子探测器、CCD立
体相机、干涉成像光谱仪，
是完成我国绕月探测工程的
四大科学目标的必备仪器。

图3-2　研制中的"嫦娥一号"探测器

图3-3　"嫦娥一号"探测器发射升空

第2节　实施步骤及阶段成果

1. 四段行程进入使命轨道

地球到月球平均距离为38.4万千米，"嫦娥一号"探测器从发射升空到准确进入环月工作轨道，经历了发射段、调相轨道段、地月转移轨道段和环月轨道段4种不同的轨道，实施了1次远地点变轨、3次近地点变轨、1次轨道中途修正、3次近月制动共8次变轨过程，历时13天14小时19分钟，行程约209万千米。

发射阶段是运载火箭将卫星送入绕地球飞行的大椭圆轨道。2007年10月24日18时5分，中国在西昌卫星发射中心用"长征三号甲"运载火箭将"嫦娥一号"探测器成功送入太空。火箭点火升空24分钟后，北京航天飞行控制中心实时监测数据表明，探测器和火箭成功分离，"长征三号甲"火箭又一次圆满完成了其历史使命。之后"嫦娥一号"探测器建立巡航姿态，完成定向天线展开和太阳翼展开，进入近地点205千米、远地点50 930千米、周期约16小时的地球调相轨道。

进入地球调相轨道后，探测器绕地球飞行并做了三次加速变轨，一次比一次飞得更远，越来越接近月球。最重要的是第三次近地点变轨，2007年10月31日17时15分，"嫦娥一号"探测器于近地点点火，探测器运行速度由10.33千米/秒增加到10.58千米/秒，探测器的飞行轨道远地点高度由12万余千米提高到40万余千米，顺利进入地月转移轨道，探测器飞行约114小时可到达月球捕获点。

在进入地月转移轨道段后，探测器在北京航天飞行控制中心人员的指挥下，修正飞向月球的轨道偏差，朝正确的方向继续飞行，准确飞向月球。

2007年11月5日11时37分，北京航天飞行控制中心对"嫦娥一号"探测器实施首次近月制动，顺利完成第一次"太空刹车"动作。"嫦娥一号"探测器被月球"成功捕获"，进入周期为12小时，近月点为211千米，远月点为8 500千米的绕月轨道，成为我国的第一颗月球卫星——月

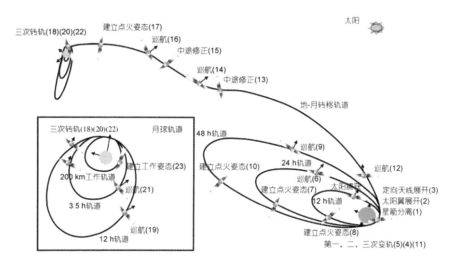 球环绕轨道飞行器。到2007年11月7日8时24分,"嫦娥一号"探测器开始进行第三次近月制动,探测器绕月球的运行周期缩短为127分钟,进入距月面200千米高的极月圆轨道,并开始为科学探测做准备(如图3-4)。

图3-4 "嫦娥一号"探测器飞行程序

2. 会唱歌的"嫦娥一号"探测器

"嫦娥一号"探测器搭载了32首曲目在距地球38万千米的月球轨道上播放。这32首太空播放曲目是在全国公众投票的基础上选定的。2006年7月,曲目征集活动在全国公开举行。在评选过程中,评委会收到了大量选票,很多人推选了包括《东方之珠》《七子之歌》《阿里山的姑娘》这些能够代表香港、澳门、台湾的歌曲,全国人民希望通过"嫦娥一号"探测器把祝福送给香港同胞、澳门同胞和台湾同胞。经过三轮认真评选,评委会最终确定了标准:选定的题材要能涵盖歌唱祖国、赞美黄河长江、咏月、我国第一批非物质文化遗产、经典戏曲、儿童、港澳台,并能代表海外华人心声。按此标准,《梁山伯与祝英台》《爱我中华》《歌唱祖国》等30首曲目入选。此外,由于国歌《义勇军进行曲》和我国第一颗人造地球卫星"东方红一号"搭载并在太空奏响的乐曲《东方红》都有特殊地

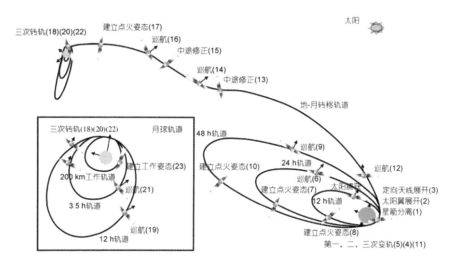

位，这两首歌曲也另行安排在"嫦娥一号"探测器上播放。

"嫦娥一号"探测器搭载这32首曲目围绕月球上空播放，充分表达中国人民热爱祖国、热爱生活、热爱和平、探索自然、寻求真理的美好追求和高尚情操，充分展示了中华文化之美。但由于月球离地球最近也有36.3万千米，地面普通电视台和电台是无法收到"嫦娥一号"探测器歌曲信号的，也无法用收音机直接接收。需要用天线把数据调制成S波段数据回传地面，地面站接收后再把它处理成数据文件，再把这个数据文件放到发射塔上发射，收音机才能接收到。

2007年12月4日7时15分50秒，2008年北京奥运会志愿者歌曲《微笑北京》由"嫦娥一号"探测器回传，分别由中国科学院国家天文台的云南昆明地面站和北京密云地面站两个站点接收四次。四次对码，数据完整准确，回传成功。2007年12月17日，录有这首回传歌曲数据的光盘由绕月探测工程总指挥栾恩杰转交给了北京奥组委（如图3-5）。2007年12月19

日21时50分，"嫦娥一号"探测器传回了专门为澳门同胞搭载的《七子之歌》，在澳门回归祖国8周年的日子（2007年12月20日）通过电视台、电台等媒体进行播放，通过这首歌曲表达了探月工程全体人员及全国人民对澳门同胞的祝福，也祝愿澳门的明天更加美好。

图3-5　奥运志愿者歌曲搭载"嫦娥一号"探测器回传交接仪式

3. 世界领先的全月影像图

2007年11月20日16时49分，"嫦娥一号"探测器搭载的CCD立体相机开机工作。中国科学院国家天文台北京密云地面站和云南昆明地面站同时接收到来自"嫦娥一号"探测器上的科学探测数据。2007年11月26

日，北京航天飞行控制中心举行了隆重仪式，发布了我国首次月球探测工程第一幅月面图像（如图3-6）。这张公布的月面图像是"嫦娥一号"探测器在11月20—22日期间获取的数据，经处理拼接而成。这是"嫦娥一号"探测器眼中真实的月球世界，大约位于月表东经83度到东经57度、南纬70度到南纬54度。月面范围宽约280千米、长约460千米。图像覆盖区域属月球高地，分布有大小、形态、结构和形成年代都不同的撞击坑。

"嫦娥一号"探测器搭载的CCD立体相机首次实现了月球表面的100%覆盖，中国制作的全月球影像图在几何配准精度、数据的完整性与一致性、图像色调等方面均处于国际先进水平。2008年11月12日，我国首幅120米分辨率的全月球影像图公开发布。本次公布的全月球影像图，在当时世界上已公布的月球影像图中是最完整的一张（如图3-7）。

科学家利用"嫦娥一号"探测器搭载的激光高度计所获数据制作了分辨率为3 000米左右的全月球数字高程模型，该模型在精度和分辨率上都达到了国际先进水平。在此基础上，中国制作出全月球三维立体数字地形图，在当时是全世界最好的月球立体图。

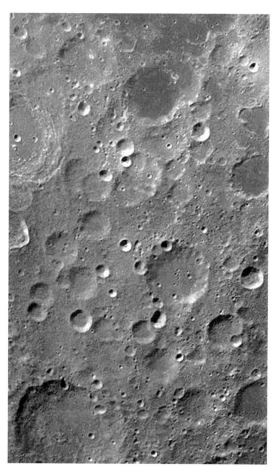

图3-6 "嫦娥一号"探测器拍摄第一幅月面图像

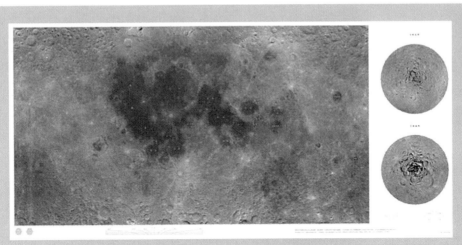

图3-7　中国首次月球探测工程全月球影像

4. 完成探矿和"体检"

"嫦娥一号"探测器搭载了γ射线谱仪、X射线谱仪和干涉成像光谱仪3台用于对月球进行探矿和"体检"的科学仪器。绕月探测期间，"嫦娥一号"探测器探测了月球表面化学元素和物质成分。本次探测重点放在某些关键化学元素含量与分布和岩石类型与分布上，获取月球表面某些化学元素的分布图。其中，γ射线谱仪共获取了1 103轨有效探测数据，累计时间约2 120.8小时，获得了铀、钍、钾3类重要化学元素的全月球分布和含量，以及镁、铝、硅、铁、钛5类重要化学元素在局部区域的分布状况和含量（如图3-8）。

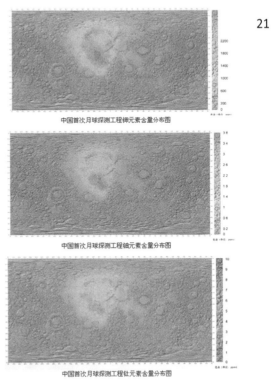

中国首次月球探测工程钾元素含量分布图

中国首次月球探测工程铀元素含量分布图

中国首次月球探测工程钍元素含量分布图

图3-8　月球化学元素分布

"嫦娥一号"探测器还评估了月球上氦-3资源的含量。美国阿波罗载人登月计划和苏联探月计划的测算结果为月球上氦-3总含量有100万~500万吨，评估数字跨度很大。通过"嫦娥一号"探测器搭载的微波探测仪所获得的数据，科学家推算出月壤平均厚度为5~6米，月壤中的氦-3含量接近100万吨。

5. 独特的近月空间太阳高能粒子和太阳风离子数据

"嫦娥一号"探测器搭载了太阳高能粒子探测器和太阳风离子探测器对月球轨道空间环境进行了探测，其中高能粒子探测器共获取了1 846轨有效探测数据，累积时间为2 868.5小时；太阳风离子探测器获取了1 815轨有效探测数据，累积时间为2 852.3小时，其中约60%的轨数处于太阳风中。科学家对这些数据做了初步分析和对比研究，发现它们与地球磁场和月表带电粒子之间相互作用过程中的一些独特物理现象，这对丰富太阳辐射及其与地球磁场和月球等的相互作用的研究具有特殊的意义。除此之外，科学家通过对"嫦娥一号"探测器传回的数据进行研究，提出了月球岩浆洋结晶年龄为39.2亿年和月球东海盆地倾斜撞击成因等新观点，进一步丰富了人类对月球的认知。

6. "嫦娥一号"探测器撞月

2009年3月1日15时36分，"嫦娥一号"探测器开始减速，目标瞄准预定撞击点。当探测器降落到距离月面59千米高度时，CCD立体相机开机，边下降、边拍照，工作到最后一刻，传回大量高分辨月面影像数据，为研究月面精细结构提供了高质量素材（如图3-9）。同日16时13分，在科技人员的精确控制下，"嫦娥一号"探测器落入东经52.36度、南纬1.50度的丰富海预定撞击点，实现"受控撞月"，月球土地成为这位中国首个"月球使者"的生命最后归宿。而随着此次"受控撞月"的准确实施，嫦娥探月工程第一步工程也宣布完美落幕。

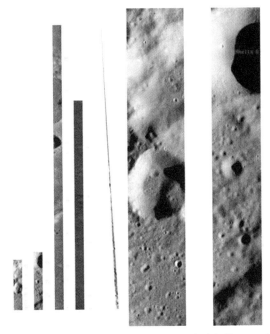

图3-9　"嫦娥一号"探测器受控撞击月球过程的 CCD 影像

23

第3节　热环境考验

　　"嫦娥一号"探测器是中国第一次对月球进行探测而研制的产品，研发人员对月球本身及其轨道空间的热环境并不了解，探测器上一会儿热一会儿冷，热控问题很突出。"嫦娥一号"探测器两个小时左右绕月球转一圈，一小时有太阳照射，一小时被月亮挡住太阳。在太阳照射的地方，温度高达130℃；太阳被遮挡的地方，温度低至−180℃，温差可以达到300℃。"嫦娥一号"探测器搭载的所有的仪器和工作状态都成功地适应了这种变化。

　　除此之外，"嫦娥一号"探测器运行期间还经历了日凌干扰和两次月食考验。日凌时，月球及"嫦娥一号"探测器位于日、地之间，太阳、"嫦娥一号"探测器和地面站的数据接收天线恰巧在一条直线上，探测器会受到强烈太阳辐射的影响，温度急剧上升，并且还会受到强烈电磁波的干扰，致使探测器信号受到干扰甚至中断。2007年11月9日17时29分，"嫦娥一号"探测器迎来了首次日凌现象，11月10日6时49分，日凌干扰达到最高值，在地面指挥室遥控下，"嫦娥一号"探测器安然地度过了日凌（如图3-10）。

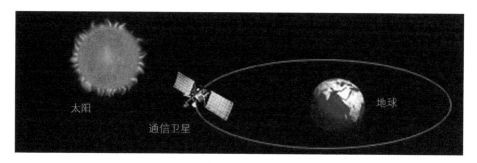

图3-10 "嫦娥一号"探测器遭遇日凌示意

月食是指地球运行到太阳和月球中间、太阳光被地球所遮掩，月亮变成黑暗球体，不能反射太阳光的一种天文现象。"嫦娥一号"探测器绕月球运行时，主要依靠其太阳能电池板接受太阳照射发电，如果月食发生，这些太阳能电池板将因黑暗而无法工作。另外，没有太阳的照射，探测器表面的温度会急剧下降，探测器上的仪器也有可能冻结。2008年2月21日10时17分左右，"嫦娥一号"探测器完全被地球阴影遮挡，曾一度中断联系近4个小时。14时10分左右，"嫦娥一号"探测器飞出地球阴影，成功经受了首次月食考验，地面工作人员成功恢复与它的通信联系（如图3-11）。工程工作人员原来预计在零下－100℃以下的低温情况下，探测器会消耗六成的电量，但从监控数据来看，实际只消耗了四成，这是"嫦娥一号"探测器第一次经受月食考验，其表现比原先预计的要好。8月17日3时35分至6时44分之间再次发生了月食，北京航天飞行控制中心对"嫦娥一号"探测器进行了一连串的控制，使得探测器于8月17日3时进入"冬眠"状态，等探测器走出月食环境后便逐步打开探测器上的设备，恢复各项设备运行，最终"嫦娥一号"探测器顺利通过第二次月食考验。

从发射升空开始，"嫦娥一号"探测器累计飞行494天，其中绕月飞

太阳

地球

在月全食区没有光

"嫦娥一号"探测器

月球

在月亮背后没有信号

月全食发生时，"嫦娥一号"探测器在月全食的过程中都接触不到光。当"嫦娥一号"探测器绕到月球背面的时候，月球将切断"嫦娥一号"探测器与地球的联系，不过这两个过程都很短暂。

图3-11 "嫦娥一号"探测器遭受月食影响示意

行482天，比原计划多飞了117天。"嫦娥一号"探测器飞行期间经历了两次月食，5次正/侧飞姿态转换，共传回1.37太字节的有效科学探测数据，获得了全月球影像图、月表部分化学元素分布、月表土壤厚度等一系列科学研究成果，圆满实现工程目标和科学目标，为中国月球探测后续工程和深空探测奠定了坚实的基础。

第4节 月球地理实体命名零的突破

月球地理实体命名活动始于17世纪初期的欧洲，20世纪命名活动转移到月球观测和探测活动较多的美国和苏联。由于缺乏交流和缺乏权威机构管理，有些月球地点有多个名字，十分混乱。直到1919年国际天文学联合会（International Astronomical Union, 以下简称IAU）成立，这种各自命名的局面才被改变。IAU是世界各国公认的权威天文学术组织，拥有对各行星和卫星命名的权力，月球地理实体的命名必须遵循IAU的规则和程序，月球作为全人类的共有财产，任何研究者都有权基于科学研究的需要向IAU申报月球地理实体的命名。中国月球与深空探测科学应用中心主

25

任、中国科学院国家天文台研究员李春来说，"一般来说，谁先取得了最清晰的辨析图像，谁就获得命名权。这和国家实力是非常相关的。"

"嫦娥一号"探测器的绕月探测工程完成后，中国对包括月球南北两极在内100%覆盖的全月面高精度影像数据进行研究分析，首次向IAU提出了10个月球地理实体的命名申请。2010年8月2日，IAU批准了毕昇（如图3-12）、蔡伦（如图3-13）和张钰哲（如图3-14）3个环形坑的命名，

毕昇撞击坑，中心点位置为月球东经148.6度，北纬78.4度；直径为55千米；命名时间为2010年8月2日。

毕昇（约970—1051年），我国北宋时著名发明家，是我国古代四大发明中活字排版印刷术的发明者。

图3-12 毕昇撞击坑

蔡伦撞击坑，中心点位置为月球东经113.5度，北纬80.3度；直径为43千米；命名时间为2010年8月2日。

蔡伦（63—121年），我国东汉时期桂阳郡耒阳（今湖南耒阳市）人，我国古代四大发明中造纸术的发明者。

图3-13 蔡伦撞击坑

张钰哲撞击坑，中心点位置为月球西经137.8度，南纬69.1度；直径为35千米；命名时间为2010年8月2日。

张钰哲（1902—1986年），中国近代天文学的奠基人，新中国首任天文台台长，1928年他将发现的一颗小行星命名为"中华"星，开创了中国人命名小行星的先河。

图3-14 张钰哲撞击坑

实现了我国月球探测工程科学应用成果在月球地理实体命名上零的突破。

月球地理实体命名能从一个侧面反映一个国家在月球探测及其科学研究工作上所取得的成绩，也展现了一个国家的综合实力和科学技术发展水平。我国利用中国绕月探测工程影像数据首次申报月球地理实体的命名获得IAU批准，是一次成功的探索，也是嫦娥探月工程第一步科学研究与应用的重要成果，对我国月球与深空探测工程后续发展及其科学研究具有深远的意义。

此后，中国利用绕月探测工程相关数据，陆续向IAU提出命名申请。2014年6月，中国向IAU提出命名"嫦娥三号"探测器着陆区形貌的申请。2016年1月4日，"嫦娥三号"探测器着陆区4项月球地理实体命名获得IAU正式批准，分别是广寒宫、紫微、天市和太微（如图3-15）。

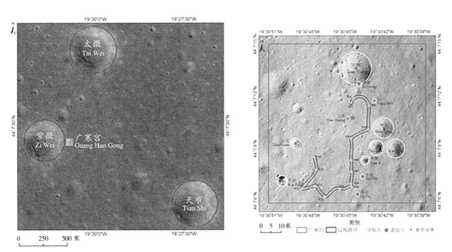

图3-15　"嫦娥三号"探测器着陆区月球地理实体分布

其中，"广寒宫"是"嫦娥三号"探测器在月球着陆点周边边长77米的正方形区域，包括"玉兔号"月球车巡视路线及其东侧重要地貌，取自中国古代神话中嫦娥和玉兔居住的宫殿。"紫微""天市"和"太微"是紧邻"嫦娥三号"探测器着陆点周边区域三个较大的撞击坑。这三个撞击坑的命名，取自中国古代星空划分命名体系三垣四象二十八星宿，其中的

"三垣"是指紫微垣、天市垣和太微垣。

　　2019年2月15日，"嫦娥四号"探测器着陆区被国际天文学联合会（IAU）以中国元素命名为"天河基地"（如图3-16），着陆点所在的冯·卡门撞击坑内的中央峰被命名为"泰山"，着陆点周围有3个呈三角形排列的环形坑，分别命名为"天津""河鼓"和"织女"。

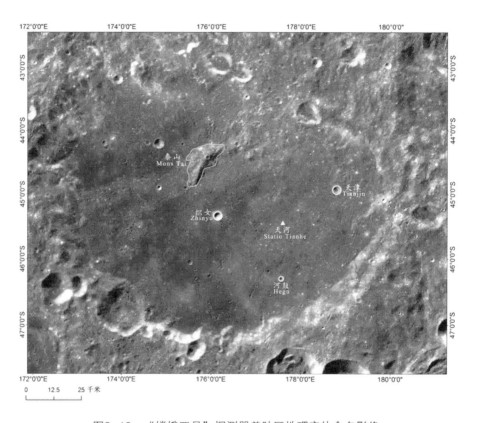

图3-16　"嫦娥四号"探测器着陆区地理实体命名影像

地球

月球

第4章
CHAPTER
04
替补变先锋的
"嫦娥二号"探测器

　　在"嫦娥一号"探测器进行月球探测的期间，2008年2月国务院批准嫦娥探月工程第二步工程立项。"嫦娥二号"探测器本是"嫦娥一号"探测器的备份星，但因为"嫦娥一号"探测器圆满完成了"绕月"任务，"嫦娥二号"探测器由"替补"变身为"先锋"，作为第二步工程先导星，开展先期飞行试验。

2010年10月1日18时59分57秒，"长征三号丙"运载火箭在我国西昌卫星发射中心点火发射，把"嫦娥二号"探测器成功送入太空（如图4-1）。"嫦娥二号"探测器成功为肩负"落月"任务的"嫦娥三号"探测器探路，圆满并超额完成各项既定任务。

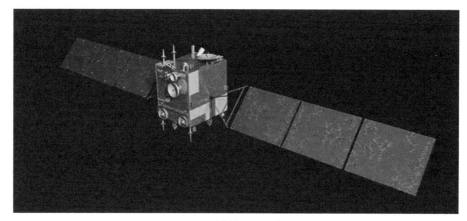

图4-1 "嫦娥二号"探测器

第1节 准备工作

1. 目标确定

在研制发射"嫦娥一号"探测器的过程中，相关参研单位也完成了一颗备份星的研制任务。"嫦娥一号"探测器圆满完成任务之后，如何处置这颗备份星，成了摆在航天人面前的一道考题。有人主张，可以按照"嫦娥一号"探测器的步骤再来一次，进一步验证技术；也有人主张，增加试验项目，改进目标，再次进行试验。2007年12月，嫦娥探月工程领导小组组织开展备份星任务初步方案论证，并根据顺序命名原则，将备份星命名为"嫦娥二号"。2008年2月15日，国务院正式批准嫦娥探月工程第二步工程立项。2008年6月，国家国防科技工业局召开专题会议，决定将"嫦娥二号"探测器确定为第二步工程的先导星，主要目的是验证"嫦娥三号"探测器任务的部分关键技术，为后续的"嫦娥三号"及"嫦娥四号"

探测器成功落月积累经验，基于此设置了四大科学目标和六大工程目标。

"嫦娥二号"探测器四大科学目标是对原"嫦娥一号"探测器科学目标的深化，具体目标如下。

（1）获取分辨率优于1米的月球表面三维影像。利用CCD立体相机获取高分辨率的月球表面三维影像，结合激光高度计获取月表地形高程数据，获取月球表面高精度地形数据，为后续着陆区优选提供依据，同时为划分月球表面的地貌单元精细结构、断裂和环形构造，提供原始资料。

（2）进一步探测月球物质成分。利用经技术改进的γ射线谱仪和X射线谱仪，探测月球表面硅、镁、铝、钙、钛、钾、钍、铀等元素的含量与分布特征，获得更高空间分辨率和探测精度的元素分布图。

（3）进一步给月壤"体检"，探测月壤特性。利用微波探测技术，测量月球表面的微波辐射特征，获取微波辐射亮度、温度数据，估算月壤厚度。

（4）进一步探测地月与近月空间环境。"嫦娥二号"探测器在轨运行期间正是太阳活动高峰年，是探测研究太阳高能粒子事件、太阳风及其对月球环境影响的最佳时期。利用太阳高能粒子探测器和太阳风离子探测器，获取太阳高能粒子与太阳风离子的通量、成分、能谱及其随时空变化的特征，研究太阳活动与地月空间及近月空间环境的相互作用；获取地月空间环境数据，为嫦娥探月工程后续任务提供环境科学数据。

2．"嫦娥二号"探测器增加的新技术

"嫦娥二号"探测器任务可以说是第一步工程向第二步工程的一个跳板，增加了很多新技术，对嫦娥探月工程起到承上启下的关键作用，并对整个嫦娥探月工程甚至航天事业的发展都具有十分重要的意义。归纳起来，"嫦娥二号"探测器任务将主要实现六大技术创新与突破。

（1）和"嫦娥一号"探测器先被发送到地球附近的过渡轨道、经过自身多次变轨调整再进入奔月轨道不同，"嫦娥二号"探测器确定由运载火箭直接送入近地点200千米、远地点38万千米的奔月轨道。这种

31

轨道设计能够让奔月的效率更高，7天以内就可完成近40万千米的奔月路程，但同时对火箭提出了更高要求，需要火箭推力更大、入轨更精确、控制更准。

（2）试验X频段测控技术，初步验证深空探测测控体制。和S频段测控体制相比，X频段测控体制更适合深空探测远距离信号传输的需求，有着传输速度高、信号衰减小、负载数据多等优点。

（3）验证100千米月球轨道捕获技术。相比于"嫦娥一号"探测器在距月面200千米处被月球捕获，"嫦娥二号"探测器将在距月面100千米处进行制动捕获，探测器的飞行速度更快、轨道更低、制动量更大，同时月表物质分布造成的不均匀重力场对探测器轨道的摄动影响也相应增大。这样对探测器制动控制精度的要求也大大提高了。

（4）验证100千米×15千米轨道机动与快速测轨技术。"嫦娥二号"探测器要验证100千米圆轨道向近月点15千米、远月点100千米椭圆轨道转变的机动技术。在完成在该椭圆轨道上的探测任务后，探测器还要回到100千米的圆轨道。

（5）试验全新的着陆相机，查验数据传输能力。"嫦娥二号"探测器增加配置降落相机，以检验对月面成像能力，为"嫦娥三号"探测器的月面软着陆做准备。与此同时，卫星数据传输速率也由"嫦娥一号"探测器采用的每秒3兆比特提高到每秒6兆比特，并进行每秒12兆比特的传输速率试验。

（6）对"嫦娥三号"探测器预选着陆区进行高分辨率成像试验。"嫦娥一号"探测器搭载的CCD相机分辨率为120米，而"嫦娥二号"探测器在100千米圆轨道和近月点15千米、远月点100千米椭圆轨道上，将分别对后续月球着陆器的预选区域进行优于10米和15米分辨率的成像试验，成像分辨率有了极大的提高。

3. 争分夺秒，突破难题

"嫦娥二号"探测器计划在2年时间内完成任务，与"嫦娥一号"探测器相比，时间紧、任务重，无备份、队伍新，技术状态复杂、风险程度高，工程面临着前所未有的压力和挑战。嫦娥探月工程领导小组对"嫦娥二号"探测器任务高度重视，对任务的每一个关键节点、事关成败的每一个重大问题都集体研究、及时规划和安排，为任务的圆满完成提供了可靠保证。

2008年，在嫦娥探月工程领导小组的领导下，在工程总体和各系统的共同努力下，"嫦娥二号"探测器任务各项准备有序推进、进展良好：主要完成了整体卫星方案设计，开展了顶层策划、技术状态清理及复核、总体规范制订等研制工作，开展了任务轨道设计、X波段应答机等新产品技术攻关和针对任务要求及环境变化的专项试验工作。

2009年，全面推进产品研制、系统集成和试验验证工作。在这过程中，工程参研单位加强了质量管控。"嫦娥二号"探测器任务连续发生了两起质量事故。其中，2009年8月31日，我国"长征三号乙"运载火箭发射"帕拉帕–D"卫星，火箭一、二级飞行正常，三级二次点火后出现异常情况。全系统敲响了质量警钟，并开展了广泛细致的质量检查工作，确保研制过程中的质量控制和正样产品的可靠性。中国航天科工集团第六研究院迅速开展针对此次异常情况的质量归零工作，展开了58天夜以继日的归零大会战。工作人员对该型号发动机所有系统进行反复的分析研究和校准试车，认清机理，查明原因，找到了解决办法，确保发射"嫦娥二号"探测器的运载火箭的三级发动机的可靠性（如图4–2）。

突破相关新技术难题是实现多目标、多任务探测的前提条件之一。本次嫦娥探月工程任务在多个核心关键技术领域取得重大突破。探月工程专家组着眼全局，精心组织，及时梳理"嫦娥二号"探测器跨系统、综合性关

图4–2 "嫦娥二号"探测器系统联试

键技术，针对关键技术，专题进行研究，深入研制现场，协调解决问题，并与各系统单位通力协作，攻克了一个又一个难关，推动各项关键技术取得了重大突破，为"嫦娥二号"探测器提供了技术支持。如承担变轨任务的490牛发动机便是嫦娥探月工程的关键技术之一。在运载火箭与"嫦娥二号"探测器完成分离后，490牛发动机为探测器的变轨提供动力，将探测器送入月球轨道，是探测器的关键和核心部件，也是唯一的单点失效组件。"嫦娥二号"探测器需要十几次轨控过程才能与月球如约相会。每次轨控都要准时精确，稍有差错就可能对飞行任务造成重大影响，甚至前功尽弃。研制队伍对以往大量的实验数据进行仔细分析，对其可行性进行充分论证，最后给出了满足要求的明确结论，除此之外，研制队伍还积极开展相关实验验证工作，在2009年11月得到了在轨某卫星的试验论证，试验非常成功。

2010年，研制队伍完成了力学、热真空等大型试验，在探测器系统自身得到了全面、充分验证的基础上，完成了探测器与运载系统对接、测控系统对接、大系统无线联试等大系统对接试验，验证了系统间接口的正确性、匹配性，于2010年6月完成了质量复查和出厂评审。2010年7月10日，"嫦娥二号"探测器运抵西昌卫星发射中心。2010年10月1日18时59分57秒，"嫦娥二号"探测器在西昌卫星发射中心成功发射升空。

第2节 实施步骤及阶段成果

1. 奔月旅程

2010年10月1日18时59分57秒，"嫦娥二号"探测器在西昌卫星发射中心成功发射升空。在起飞后的29分钟53秒，火箭分离，探测器进入轨道。19时56分，太阳能帆板成功展开，"嫦娥二号"探测器飞往指定奔月轨道。2010年10月2日3时39分左右，"嫦娥二号"探测器完成第一次地月成像。2010年10月2日12时25分，"嫦娥二号"探测器顺利实施了第一次轨道中途修正控制，控制结果准确，满足探测器进入月球使命轨道入口点要求，取消了预定的后两次轨道中途修正。在奔月过程中，"嫦娥二号"探测器还首次获取了完整的地月空间环境探测数据，首次成功验证了紫外导航、CMOS视频小相机成像等先进技术。

2．月球捕获

2010年10月6日11时06分35秒，北京航天飞行控制中心发出第一次制动指令，1 942秒后，"嫦娥二号"探测器被月球捕获，顺利进入周期约12小时的椭圆环月轨道，第一次近月制动实施成功。2010年10月6—9日，"嫦娥二号"探测器共实施了3次近月制动和1次轨道平面机动，轨控结束后探测器准确进入高度约100千米、周期118分钟的极月圆轨道。

"嫦娥二号"探测器进入工作轨道比"嫦娥一号"探测器快7天，一方面节省了火箭的推进剂，另一方面留出更多时间做更多的试验。"嫦娥二号"探测器成功被月球捕获，首次验证100千米月球轨道捕获技术，为一个月内实施近月15千米轨道机动奠定了基础（如图4-3）。

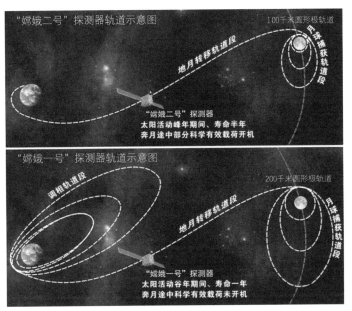

图4-3 "嫦娥一号"探测器和"嫦娥二号"探测器任务条件对比

3. 环月探测，目标完成

"嫦娥二号"探测器在环月飞行阶段的初期实施月球背面降轨控制飞行，获取月球虹湾区高分辨率图像，完成了既定的各项技术试验验证。"嫦娥二号"探测器于2010年11月2日转入长期运行管理阶段，在环月150天期间，共实施2次飞行姿态转换、3次轨道维持及月食控制。2011年4月1日，"嫦娥二号"探测器顺利安全运行180天，半年设计寿命期满，实现了6个方面的技术创新与突破。

"嫦娥二号"探测器利用随身携带的CCD立体相机、激光高度计、X射线谱仪、γ射线谱仪、微波探测器、太阳高能粒子探测器、太阳风离子探测器等7种"武器"，留下了月球三维照片，还为研究月球土壤成分、测量月球表面化学元素、感知月球空间环境留下了大量的科学探测数据，出色完成了四大科学探测目标。

例如，在2010年10月28日，"嫦娥二号"探测器获取"嫦娥三号"探测器将要登陆月球的着陆区虹湾的相关数据，为月球拍下了"高清写真"（如图4-4）。2010年11月8日，国家国防科技工业局首次发布"嫦娥二

36

月球虹湾局部影像图由"嫦娥二号"探测器CCD相机拍摄，经辐射、光度、几何等校正处理后制作而成。成像时间为2010年10月28日18时25分，探测器距月面约18.7千米，像元分辨率约1.3米。影像图中心位置为西经31度3分，北纬43度4分，对应月面东西宽约8千米，南北长约15.9千米。该区域表面较平坦，由玄武岩质的月壤覆盖，分布有不同大小的环形坑和石块，其中最大的环形坑直径约2千米。

影像位置示意图

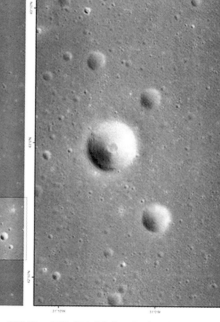

图4-4 "嫦娥二号"探测器获取虹湾局部影像

号"探测器月面虹湾局部影像图,像元分辨率约1.3米,图中最大的环形坑直径约2千米,深约450米。为"嫦娥三号"探测器提供降落区精确的地形地貌数据,保障"嫦娥三号"探测器软着陆的成功。

科研人员经过半年的努力,完成7米分辨率月球全影像图的制作,共有746幅,总数据量约800吉字节。2012年2月,国家国防科技工业局发布了"嫦娥二号"探测器在国际上首次获得的 7 米分辨率、100%覆盖全月球影像图和优于30米的全月球数字高程模型数据(如图4-5),其中,首次获得的7米分辨率的全月球立体影像的分辨率比"嫦娥一号"探测器提高了17倍。

37

月球正面　　　　　　　　　　　　　　　　月球背面

图4-5　"嫦娥二号"探测器全月球7米分辨率影像

"嫦娥二号"探测器在国际上首次使用溴化镧晶体对月面元素分布进行探测,获得了铀、钍、钾、铁、铝等多种元素月面分布图(如图4-6)。

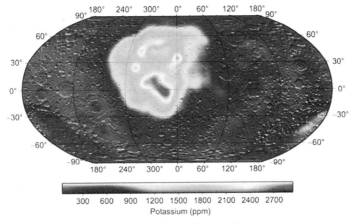

图4-6　月球表面钾元素分布

半年设计寿命期满后，探测器上剩余燃料充足，全系统状态正常稳定，"嫦娥二号"探测器开启拓展试验。

4．月球轨道深化探测

2011年4月14日和15日，"嫦娥二号"探测器实施调整轨道倾角控制，用490牛发动机，将倾角从92度调整到90度，消耗推进剂35千克。在2011年4月25日开始的正飞期内，重点补拍月球南北两极图像，将月球立体影像覆盖率从99.6％提高至100％。2011年5月20日，探测器再次降轨，进一步提高图像覆盖能力，获取更多虹湾区域1米级高分辨率图像，为"嫦娥三号"探测器着陆提供更为详细的数据。

5．日-地拉格朗日L2点探测

2011年6月9日16时50分5秒，"嫦娥二号"探测器飞离月球轨道，飞往日-地拉格朗日L2点继续它的探测之旅（如图4-7）。此次飞行距离150

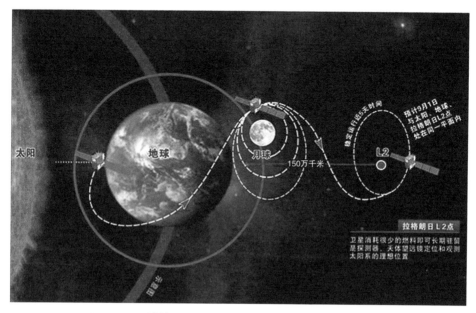

图4-7　"嫦娥二号"探测器成功环绕拉格朗日L2点飞行

万千米，"嫦娥二号"探测器在2011年8月成功到达L2点环绕轨道，并开始进行科学探测。2012年4月，"嫦娥二号"探测器圆满完成在L2点一个完整拟周期的飞行探测，标志着中国迈开了深空探测的第一步。并且，在绕L2点飞行过程中，"嫦娥二号"探测器还开启4台科学仪器联合进行了系列科学探测。比如，卫星携带的X射线谱仪对当时正处于上升阶段的太阳活动、频繁爆发的太阳耀斑进行监测，监测结果一方面可以对如太阳大耀斑伴随的太阳质子事件等空间环境进行预警，另一方面也可以开展太阳大耀斑演化特征和规律的科学研究。同时，卫星上的γ射线线谱仪还对宇宙γ射线暴进行了观测，填补了我国对地球远磁尾区域的离子能谱、太阳耀斑爆发和宇宙γ射线暴的科学探测的空白。

6. 与"战神"交会

2012年6月1日，"嫦娥二号"探测器受控成功变轨，脱离了L2点环绕轨道，飞往以凯尔特神话中的战神图塔蒂斯（Toutatis）命名的4179号小行星，开展又一项拓展试验（如图4-8）。"嫦娥二号"探测器在奔向小行星的路途中，还进行了空间环境方面的科学探测。整个再拓展任务期间，有效载荷累计开机探测时间超过了615小时，地面接收到的有效探测数据量达到了32吉字节。2012年12月13日，"嫦娥二号"探测器成功飞

39

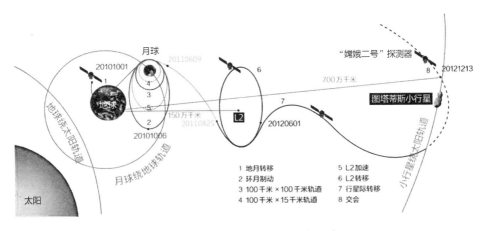

图4-8 "嫦娥二号"探测器飞行示意

越探测了4179号小行星，整个飞越拍摄过程历时25分钟，探测器搭载的太阳翼监视相机获取了小行星影像，中国科学院国家天文台北京密云地面站成功接收了262兆字节的探测数据。"嫦娥二号"探测器完成了4179号小行星国际首次近距离的光学探测，圆满完成了扩展与再拓展试验任务（如图4-9）。至此，我国首次实现了"一探三"，用一个探测器对月球、日-地拉格朗日L2点和4179号小行星的多目标探测，"嫦娥二号"探测器任务工程完美收官。

图4-9 "嫦娥二号"探测器拍摄的"图塔蒂斯"小行星间隔成像照片

7. 奋勇前行的"嫦娥二号"探测器

2013年1月5日23时46分，"嫦娥二号"探测器与地球间距离突破1 000万千米。2013年2月28日10时18分，"嫦娥二号"探测器与地球间距离成功突破2 000万千米。2013年7月14日1时许，"嫦娥二号"探测器与地球间距离突破5 000万千米。2013年11月26日，"嫦娥二号"探测器与地球间距离突破6 100万千米。2014年6月，"嫦娥二号"探测器与地球间测控距离突破1亿千米，这为后续我国火星探测测控奠定了基础。目前"嫦娥二号"探测器状态良好，据北京航天飞行控制中心计算，它有望最远飞到距地球约3亿千米的地方，这是我国航天器飞行距离最远的一次科学探测。"嫦娥二号"探测器已成为太阳系的人造小行星，围绕太阳做椭圆轨道运动。2029年前后，"嫦娥二号"探测器将飞到距离地球约700万千米的位置，比较接近地球。"嫦娥二号"探测器超期服役飞行，既可测试国产元器件寿命，又能验证中国测控通信系统的传输能力。

第3节 揭穿"阿波罗"登月"阴谋论"

　　"阿波罗"阴谋论者认为"阿波罗11号"飞船从未登上过月球,所谓的"个人的一小步,人类一大步"不过是摄影棚里伪造出来愚弄大众的骗局。时至今日,各种质疑"阿波罗"登月是弥天大谎的阴谋论依然存在,这种阴谋论可能会对未来的探索和现代科学造成损害。美国"阿波罗"登月是无可争议的。近年来,"阿波罗"登月地点已被一系列来自中国、印度和日本的其他飞行器分别发现。在中国"嫦娥二号"探测器获取的7米分辨率全月球影像图上,可分辨出"阿波罗11号、12号、14号、15号、17号、18号"飞船登陆月球的遗迹。如景德环形坑和"阿波罗17号"飞船着陆区影像图(如图4-10),该图成像时间为2010年10月23日,距月面100千米,分辨率7米,图中展示了"阿波罗17号"月球车和宇航员考察路线,进一步揭穿阴谋论。

41

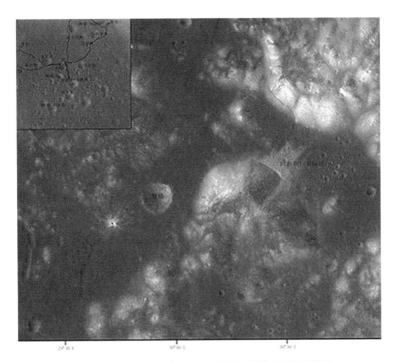

图4-10　景德环形坑和"阿波罗17号"飞船着陆区

第5章

CHAPTER

落月的"嫦娥三号"探测器

05

　　在"嫦娥二号"探测器圆满完成飞行任务并获取了大量宝贵的科学探测数据，以及成功进行了一系列技术验证后，我国具备了发射无人探测器登月的科学技术条件，嫦娥探月工程进入第二步工程的落月阶段。

第1节 嫦娥探月工程第二步：落月

"嫦娥三号"探测器是嫦娥探月工程第二步工程的登月探测器，由着陆器和"玉兔号"月球车组成。其中着陆器设计工作寿命为1年，"玉兔号"月球车设计工作寿命为3个月。

1．"测月、巡天、观地"

"嫦娥三号"探测器的主要任务是实现月面软着陆和巡视探测，其科学探测三大任务可形象地描述为"测月、巡天、观地"。"测月"是通过着陆器和"玉兔号"月球车上搭载的有效载荷，在月表进行一系列探测活动，得到包括月球地形地貌、地质构造、物质成分和浅层结构的综合科学信息；"巡天"是利用着陆器上携带的光学望远镜，在月球上进行天文观测；"观地"是利用着陆器上携带的极紫外相机，从月球上远望地球，观测地球周围的等离子层。

43

2．我国航天器首次在地外天体软着陆

经过5年多的研制，2013年12月2日1时30分在四川省西昌卫星发射中心，"长征三号乙"加强型火箭搭载着"嫦娥三号"探测器成功发射，火箭把探测器直接送入近月点200千米、远月点38万千米的地月转移轨道（如图5-1）。

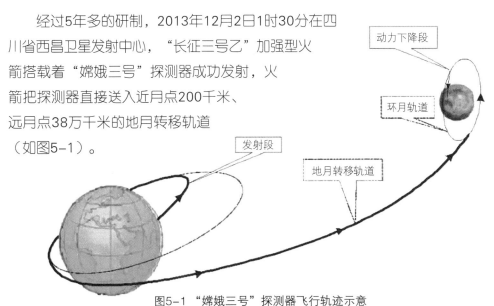

图5-1 "嫦娥三号"探测器飞行轨迹示意

　　12月6日，"嫦娥三号"探测器飞抵月球，成功进入约100千米环月轨道；12月10日，"嫦娥三号"探测器实施变轨控制，进入预定的近月点15千米月面着陆椭圆轨道；12月14日，"嫦娥三号"探测器开始实施包括主减速、快速调整、接近、悬停、避障和缓速下降等6个阶段的动力下降过程，然后成功降落在月球北纬44.12度、西经19.51度的虹湾着陆区（如图5-2），首次实现了我国对地球以外天体进行航天器软着陆（如图5-3）。

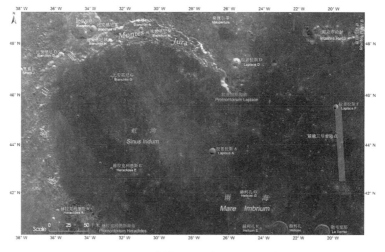

图5-2　"嫦娥三号"探测器着陆点

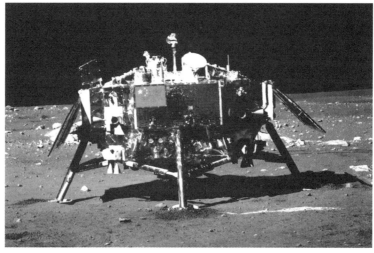

图5-3　"嫦娥三号"探测器着陆器

图5-4 "玉兔号"月球车

12月15日，"嫦娥三号"探测器着陆器与"玉兔号"月球车成功分离、转移并互相拍照（如图5-4），标志着"嫦娥三号"探测器任务圆满成功，我国成为世界第3个掌握落月探测技术的国家。

在完成既定的两器互拍任务之后，"玉兔号"月球车与着陆器上搭载的有效载荷（即航天器上装载的为直接实现航天器在轨运行要完成的特定任务的仪器、设备、人员、试验生物及试件等）相继按照预先制定的探测计划开展了科学探测活动。

在经历长达14个地球日的极低温环境考验后，"玉兔号"月球车和着陆器先后成功唤醒，开启了它们第二个月昼的探测征程。然而遗憾的是，2014年1月25日，"玉兔号"月球车其他科学探测功能虽然并没有丧失，但发生了机构控制故障，因无法移动而永远地停留在了N209点处。

第2节　背后故事

1．六大专项技术攻关

发射"嫦娥三号"探测器需要攻克的关键技术多且技术跨度大，项目实施风险高。为实现"嫦娥三号"探测器多窗口、窄宽度发射成功，运载火箭研制团队对"长征三号乙"运载火箭展开了提高运载能力、提高可靠性、高精度制导等六大专项技术攻关，突破并掌握了一大批具有自主知识产权的核心技术和关键技术，确保"嫦娥三号"探测器准确入轨，飞往月球并成功着陆月面。这六大突破创新为：

（1）采用变推力发动机破解着陆减速难题。"嫦娥三号"探测器一路飞向月球，到达设计师精心选择的动力下降点。这时如果它再继续快速前进，在着陆时就可能一头撞在月球上，要安全着陆，就必须让它慢下来。

由于月球表面没有大气层，"嫦娥三号"探测器无法利用大气阻力来减速着陆，只能靠自身推进系统按照约1.7千米/秒的速度不断减速，与此同时，还要进行姿态的精确调整，以便在预定区域安全着陆。为了保证着陆过程可控，研制团队经过反复论证，提出"变推力推进系统"的设计方案，研制出推力可调的7 500牛变推力发动机，经过多次实践和相关试验验证，破解着陆减速的难题。

（2）GNC系统新技术助力着陆过程自主导航控制。由于探测器动力下降过程时间较短、速度变化很大，无法依靠地面工作人员实时控制，中国空间技术研究院着陆器GNC（制导、导航与控制技术，Guidance Navigation and Control）系统设计了专门的敏感器，进行对月测速、测距和地形识别，确保探测器在着陆过程自主制导、导航与控制。

（3）着陆缓冲系统为软着陆提供牢固支撑。当探测器着陆在月面时，会形成较大的冲击，不仅可能造成探测器翻倒，而且会激扬起月尘，对探测器造成一定危害并影响任务成败；加上月球表面覆盖的月壤松软且崎岖不平，这些都给着陆带来了困难。

对此，研制团队充分考虑了月壤物理力学特性对着陆冲击、稳定性的影响及月尘的理化特性等，采用特殊的材料、设计和工艺，研制出全新的着陆缓冲系统解决上述难题，确保探测器实施软着陆过程中，在一定姿态范围内不翻倒、不陷落，并为探测器工作提供牢固的支撑。

（4）全球首创热控技术确保月面生存。月球表面光照条件变化大，白昼时温度高达150℃，黑夜时温度急剧下降到−180℃，昼夜温差超过300℃。在月球上，探测器需面对月昼高温下的热排散问题和月夜没有太阳能可利用的情况下如何保证温度环境的问题。为了能够应付极端温度条件下的恶劣环境，"嫦娥三号"探测器首创了热控两相流体回路的热传递系统，并且使用此前从未在卫星上用过的可变热导热管，攻克月面生存的难题。

（5）解决"玉兔号"月球车移动设计与试验解决月面移动难题。月面覆盖着厚度不等的月壤层，并存在大小不等的月坑和岩石。"嫦娥三号"探测器的"玉兔号"月球车移动性能需充分考虑到月面物理力学特性和月表地形，设置移动系统参数，开展地面移动性能试验，保证月面环境下的正常工作，这些都是"玉兔号"月球车总体设计必须破解的问题。对此，"玉兔号"月球车在总体设计之初，就选取了六轮式、摇臂式悬架方案，并经特殊设计和有关地面移动性能试验、内外场试验等，具备了前进、后退、原地转向，以及爬坡、越障能力，解决了月面移动的难题。

（6）月面巡视自主导航与遥操作控制为巡视勘察清扫障碍。为了能够在复杂月面环境中实现远距离行驶，安全到达指定位置，并保障自身的安全和稳定工作，"玉兔号"月球车通过自主导航控制解决了月面环境感知、障碍识别、局部路径规划及多轮运动协调控制的难题。

此外，由于"玉兔号"月球车在月面运行过程是一个月球车与地面控制中心交互、地面持续任务支持的过程，与以往航天器在轨测控工作模式有着明显的不同，设计一种与巡视任务相匹配的在轨运行操作新模式是必须解决的难题。对此，研制团队迅速组织人员，开展方案设计，经过无数次计算、论证、试验等，终于开发出满足巡视任务的地面任务支持与遥操作系统，为"玉兔号"月球车顺利开展月面巡视勘察任务扫清障碍。

47

2. "嫦娥三号"探测器背后的科研故事

"嫦娥三号"探测器成功的背后是数以万计默默奉献的科研人员。在库姆塔格沙漠的室外试验场，科研人员整天与黄沙作斗争，那里环境恶劣，昼夜温差有40℃；在室内实验室，科研人员一连做了两个月试验，汗水和火山灰和成"泥浆水"沾满全身……

嫦娥探月工程磨炼培养了一批批航天人，高素质、有担当的中青年骨干开始"挑大梁"，探测器系统团队平均年龄仅33岁。

中国航天人将坚持自主创新之路，续写中国探月新篇章，以"探月梦"托举"中国梦"。

第3节 取得的成果

"嫦娥三号"探测器携手"玉兔号"月球车实现了多个国际首次突破：突破多窗口、窄宽度发射和高精度入轨技术；圆满完成"落"月任务，首次实现中国航天器在地外天体软着陆和巡视勘察（如图5-5、图5-6）；首次实现对月面探测器的遥操作，是人类首次在月球上进行天文观测；首次在月面开展多种形式的科学探测，利用着陆器上配置的极紫外照相机，中国实现了人类首次在月球上观测地球和地球等离子体层的变化（如图5-7），观测太阳磁层亚暴对地球等离子层的影响；

图5-5 "嫦娥三号"探测器地形地貌相机拍摄的月面图像

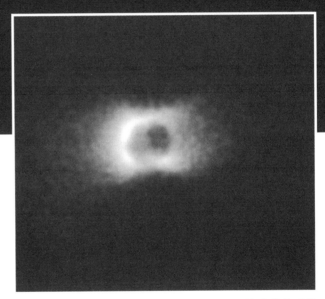

图5-6　"嫦娥三号"
探测器拍摄的地球照片

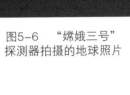

49

图5-7　"嫦娥三号"探测器极紫外相机对地球等离子体
层的试观测结果

首次实现探测器在极端温度下的月面生存；首次研制中国大型深空站，初步建成深空测控通信网；研制建设了一系列高水平特种试验设施，创新形成一系列先进试验方法。

　　正是因为"嫦娥三号"探测器任务所奠定的一系列成功基础，我国才能够创造性地提出将其备份星"嫦娥四号"探测器软着陆于月球背面的目标，开创人类历史上航天器首次在月球背面软着陆和巡视勘察的伟大创举。

第6章

CHAPTER

降落月背的"嫦娥四号"探测器

06

　　"嫦娥三号"探测器成功登陆月球，开展了一系列的月面探测活动和技术验证工作，为后续的登月探测奠定了基础。由于月球绕地球公转的周期与月球自转的周期相同，所以月球总有一面背对着地球，这一面被称为月球背面。人类无法直接观测到月球背面，在中国发射"嫦娥四号"探测器之前尚未有其他国家发射探测器登陆月球背面，各国对月球背面的探测成果非常有限。基于这样的现状，"嫦娥四号"探测器选择在月球背面登陆。

第1节 "嫦娥四号"探测器工作过程

"嫦娥四号"探测器的主要任务：研制和发射月球中继通信卫星、"嫦娥四号"探测器，实现地-月拉格朗日L2点的测控及中继通信、月球背面软着陆，开展月表地形地貌与地质构造、矿物组成和化学成分、月球内部结构、地月空间与月表环境等探测活动，进行世界首次月基低频射电天文观测与研究，建成基本配套的月球探测工程系统。

1. "嫦娥"未动，"鹊桥"先行

2016年1月，经国务院批准，"嫦娥四号"探测器任务正式实施，包括中继星和探测器两次发射任务。2018年5月21日在西昌卫星发射中心，"长征四号丙"运载火箭搭载"鹊桥"中继星（如图6-1）——人类首颗月球中继通信星成功发射，搭建起地月信息联通的"天桥"（如图6-2）。

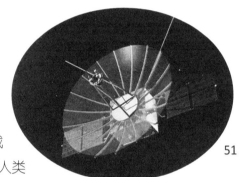

51

图6-1 "鹊桥"中继星

图6-2 "鹊桥"中继星运行轨迹示意

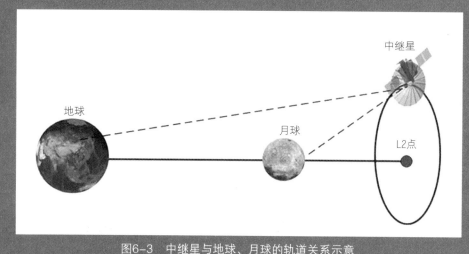

图6-3 中继星与地球、月球的轨道关系示意

为什么发射"嫦娥四号"探测器前要先发射"鹊桥"中继星呢？

"嫦娥四号"探测器要在月球背面着陆，会受到月球的遮挡，无法直接与地球进行测控通信和数据传输，因此必须先发射"鹊桥"中继星，为"嫦娥四号"探测器架设月球与地球间的通信中继站。"鹊桥"中继星不能在地–月L2点上运行，而是在绕地–月L2点的晕轨道（Halo）——使命轨道运行，否则会被月球挡住，无法与地球联系（如图6-3）。晕轨道距月球$6.5 \times 10^4 \sim 8 \times 10^4$千米，是绕地–月L2点运行的一种轨道，形状为三维非规则曲线，周期14天，轨道控制非常复杂，所以叫晕轨道。

月球总是一面对着地球，另一面背对地球，对月球背面进行探测有着特别的意义，中国的"嫦娥四号"探测器登陆月球背面（如图6-4），创造了人类制造的探测器登陆月球背面的第一次。

2. 降落月背的"嫦娥四号"探测器

2018年12月8日2时23分，"长征三号乙"运载火箭搭载"嫦娥四号"探测器在西昌卫星发射中心发射升空（如图6-5）。

经过轨道中途修正，"嫦娥四号"探测器准确奔向月球并于12月12日成功实施近月制动，顺利完成太空中的"刹车"，被月球引力捕获，进入

图6-4　月球正面（左）和月球背面（右）

图6-5　"嫦娥四号"探测器发射升空

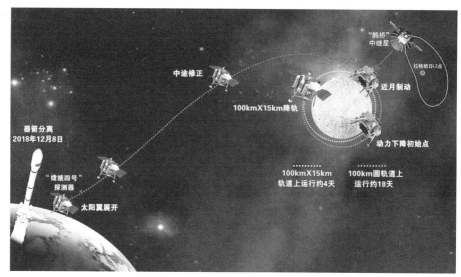

图6-6 "嫦娥四号"探测器飞行轨道示意

了近月点约100千米的环月轨道（如图6-6）。12月30日，"嫦娥四号"探测器完成实施环月降轨控制工作，进入近月点高度约15千米、远月点高度约100千米的环月轨道。2019年1月3日10时26分，"嫦娥四号"探测器在月球背面的冯·卡门撞击坑（东经177.59度，南纬45.46度）成功着陆（如图6-7）。

同一天，"玉兔二号"月球车与"嫦娥四号"着陆器分离，进行就位探测和巡视探测工作，并通过"鹊桥"中继星传回了世界第一张近距离拍摄的着陆点附近月背影像图。1月11日，"嫦娥四号"着陆器与"玉兔二号"月球车完成两器互拍工作（如图6-8、图6-9）。人类对月球背面有

图6-7 "嫦娥四号"探测器着陆点冯·卡门撞击坑

了进一步的了解。

1月14日,"嫦娥四号"着陆器和"玉兔二号"月球车陆续进入了月夜休眠状态。1月29日20时,"玉兔二号"月球车自主唤醒,1月30日,"嫦娥四号"

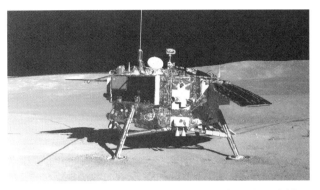

图6-8 "玉兔二号"月球车全景相机拍摄的"嫦娥四号"着陆器

着陆器唤醒,一切设备状况正常。中国国家航天局表示,着陆器、月球车、中继星状态良好,达到既定工程目标;工程任务圆满成功后,"嫦娥四号"探测器将转入科学探测阶段。"嫦娥四号"着陆器和"玉兔二号"月球车继续开展月球背面的就位探测和月面巡视探测。

图6-9 "嫦娥四号"着陆器地形地貌相机拍摄的"玉兔二号"月球车

3. 人类首次揭开月背地下结构的神秘面纱

中国科学院国家天文台网站2019年5月16日报道，由李春来研究员领导的研究团队利用"嫦娥四号"探测器的探测数据，证明了月球背面南极–艾特肯盆地（SPA）存在以橄榄石和低钙辉石为主的深部物质，为解答月幔物质组成的问题提供了直接证据，并能够为完善月球形成与演化模型提供支撑。

2020年2月27日凌晨，国际科学期刊《科学·进展》发表了中国科学院国家天文台研究员李春来、苏彦领导的研究团队利用"玉兔二号"月球车搭载的测月雷达首次揭示的月球背面地下40米深度内的地质结构的研究成果（如图6–10）。这项研究工作通过"玉兔二号"月球车搭载的测月雷达，对月球背面进行了一次"CT检查"，获得了月球背面地下浅层的第一张雷达图像和月表以下物质的特性参数等。人类首次揭开了月球背面地下结构的神秘面纱，极大地提高了人们对月球撞击和火山活动历史的理解，

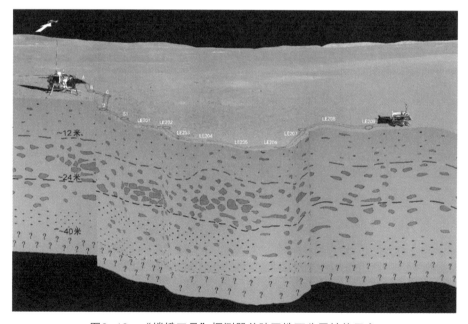

图6–10　"嫦娥四号"探测器着陆区地下分层结构示意

并为月球背面的地质演化研究带来新的启示。

"嫦娥四号"探测器任务的圆满成功,在人类历史上首次实现了航天器在月球背面软着陆和巡视勘察,首次实现了地球与月球背面的测控通信,在月球背面留下了中国探月的第一行足迹,揭开了古老月背的神秘面纱,开启了人类探索宇宙奥秘的新篇章。

目前,"嫦娥四号"着陆器和"玉兔二号"月球车仍在月球工作,成为月球上"存活"时间最长的可移动物,被网友称为"最强打工人",属于它们的奇迹还在继续!

第2节 背后故事

"嫦娥四号"探测器原来是"嫦娥三号"探测器的备份星,"嫦娥三号"探测器任务成功后,"嫦娥四号"探测器得以"转正"。从20世纪50年代开始,发射到月球的探测器和轨道器已经有100多个,但都是对月球正面的探测,没有任何一个月球探测器能够实现在月球背面软着陆。因此,为了赋予"嫦娥四号"探测器更强的生命力和更多功能,经过反复论证,最终确定了"嫦娥四号"探测器在月球背面软着陆和巡视探测的总体方案。

1. 技术攻关

"嫦娥四号"探测器的技术难点主要体现在以下3个方面。

(1)地–月L2点轨道的精确设计与控制。要使中继星稳定运行在地–月L2点的轨道上。在地球和月球的引力影响下,理论上会有5个作用力平衡点,也叫平动点、拉格朗日点、L点。探测器处在这个位置附近的Halo轨道时将会相对两个天体几乎静止(如图6–11)。地–月L2点就是引力平衡、在较小天体外侧的点,即在月球背后。选择这个点有3个重大优势:探测器可随着这两个天体一同运动并与二者处在几何关系几乎不变的状态；两个天体引力平衡，探测器所需要的轨道维持燃料极少；没有天体遮挡，日照可为探测器持续提供丰富的太阳能。

（2）地–月L2点远距离的数据中继传输。L2点距离月球约7.9×10^4千米、距离地球约4×10^5千米，遥远的距离让信号衰减的问题更棘手。地

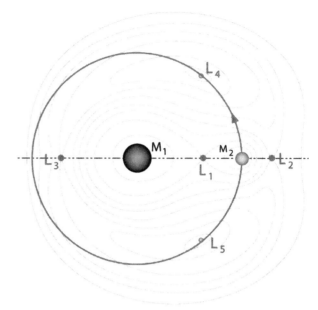

图6–11　地月系统拉格朗日点示意

月之间通信、探测器的状态控制等，都要靠中继星来保障，还要考虑到通信时间、测控时间的延迟，因此，中继星的精准、可靠至关重要。

（3）复杂地形的安全着陆。月球正面地势平坦，但背面地势起伏很大，多高山和撞击坑，可供选择的着陆区范围只有正面的1/8。"嫦娥四号"探测器只能在有限的相对大的撞击坑里寻找相对平坦的位置作为着陆区，选择范围长、宽各十几千米。在复杂的地形下，"嫦娥四号"探测器不能像"嫦娥三号"探测器那样斜着降落，否则会撞山，要近乎垂直降落，加上着陆时间短、航程短，风险更大了。

2. 着陆区的选择

月面不同纬度所面临的热控和能源设计是相互约束、相对矛盾的。也就是说，如果降落到低纬度地区，光照条件好、能源获得充足，但对于热控是巨大的挑战；而如果降落在高纬度地区，热控压力大大减少，但太阳能获取又会受到影响。综合考虑多种因素，"嫦娥四号"探测器在月球背面着陆的纬度确定在40度至50度的范围内。

此外，还需考虑探测器与L2点中继星的通信问题。如果探测器仰角太低，势必更容易受到周围山地的影响。因此探测器需高仰角对中继星通信，这样一来，经度也大致确定了，大的区域范围就出现了：艾特肯盆地最为合适。

艾特肯盆地是目前已发现的太阳系固体天体中最大最深的盆地，直径大约2.5×10^3千米，深度约12千米，其90%的面积都分布在月球背面。确定艾特肯盆地后，再筛选出有特点的撞击坑作为着陆地点。同时要考虑备选着陆区的问题，选择的着陆点附近要有相邻的、条件合适的撞击坑：如果"嫦娥四号"探测器在发射日期第一天允许运载火箭发射的时间范围内没能如期发射，而要在第二天发射，那么就要选择相邻经度13度左右的撞击坑作为备选着陆区。综合上述因素，最终确定冯·卡门撞击坑（如图6-7）和克雷地安撞击坑分别作为主选着陆区和备选着陆区。

3. 接力避障式软着陆

为了增加着陆的安全性，"嫦娥四号"探测器使用接力避障的方式。下降至2千米左右，探测器会做一次光学的粗避障，主要识别大障碍；下降至100米左右，探测器会做一个悬停，利用激光敏感器实现精确避障，识别0.2米障碍、坡度等，通过地形的最优识别方法找到安全区域降落。"嫦娥四号"探测器的自主能力有很大提升，如果找不到安全区域，"嫦娥四号"探测器会选择相对次优的区域，还可以做水平机动调整。

与"嫦娥三号"探测器相似，"嫦娥四号"探测器也经历了点火准备、主减速段、快速调整段、接近段、悬停段、避障段及缓速下降段等动力下降过程，实现从距离月面15千米高度安全下降至月球表面的软着陆，全过程用时约690秒。不同之处在于，"嫦娥四号"探测器在15千米到8千米高度为倾斜下降，8千米以下就改为垂直下降，引入相对于月面的测量导航，克服了着陆区周边地形起伏的问题。

此次"嫦娥四号"探测器的落月可以说是"正中靶心"，着陆非常平稳，并且着陆位置就是最初设定的理想着陆点。"嫦娥四号"探测器全自主动力下降，通过惯性导航及与月面相对测量导航，按照既定制导率实现月球背面软着陆。

第3节　在月球上培育植物

　　"嫦娥四号"探测器生物科普试验载荷项目由教育部深空探测联合研究中心组织，重庆大学牵头承担研制。2019年1月12日20时，随"嫦娥四号"探测器登陆月球背面的生物科普试验载荷传回最后一张试验照片，显示载荷内生长出了植物嫩芽（如图6-12）。这是在经历月球低重力、强辐射、高温差等严峻环境考验后，人类在月球上种植出的第一株植物嫩芽！我国成功实现了人类首次月面的生物生长培育实验（如图6-13）。

　　据了解，此次科普试验的生物物种筛选有着非常严苛的要求：由于载荷大小有限，所以里面的动植物不能占用过多空间，首要条件就是"个子小"；同时要求动植物能耐高温、耐冻、抗辐射、抗干扰，能够适应月球

图6-12　月球上生长出第一片绿叶

图6-13　生物科普试验载荷

表面的极端条件。

生物科普试验载荷总设计师谢更新教授介绍，本次生物科普试验载荷生物种类的筛选除了实现在月球表面环境下植物种子发芽和幼虫成长的最低目标，更重要的是基于对未来进一步开展太空生物学研究的长远考虑，而这也是为以后人类进入月球乃至地外星球生存提供保障。

生物科普试验载荷内搭载了棉花、油菜、土豆、拟南芥、酵母和果蝇6种生物，还有18毫升水，以及土壤、空气。地面组装合盖过程中，所有生物装载操作均在严格无菌环境的超净工作台中进行，确保全过程无生物污染。

在经历发射和着陆等阶段严酷的力学考验后，2019年1月3日23时18分，生物科普试验载荷加电开机并启动主相机拍照，23时48分，地面控制中心发送放水指令，植物种子和果蝇虫卵结束长达3个月的休眠状态，进入生物月面生长发育模式。1月5日8时，地面接收数据显示载荷内种子已经发育出胚根。

为进一步凸显本次生物科普试验载荷的科研和科普价值，生物科普试验载荷项目组同时在重庆大学开展了地、月对比实验，实验分为封闭环境1∶1对照和开放环境下的对照试验（如图6-14）。2019年1月3日23时50分，地面试验载荷与月表试验载荷同步注水，参考月表生物科普试验载荷的温度来控温，对照试验正式开始。截至1月12日，地面对照实验

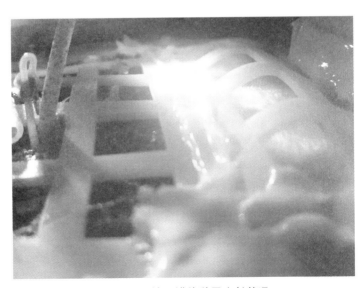

图6-14　地面罐体种子生长状况

罐体内已陆续发现棉花、油菜种子萌发，且长势良好，可观察到嫩绿的叶子。开放环境下，可见油菜、棉花和马铃薯种子萌芽，幼苗呈茂盛生长趋势（如图6-15）。

图6-15 地面开放空间种子生长状况

第7章

CHAPTER

07

采样返回的
"嫦娥五号"探测器

　　"嫦娥三号"探测器和"嫦娥四号"探测器成功登月，取得一系列重要探测成果，标志着中国掌握了成熟的无人探测器登月技术，圆满完成了嫦娥探月工程的第二步落月任务，并为下一阶段的工作做好了相应的准备。嫦娥探月工程进入"绕、落、回"三步工程中最后一步"回"的工程阶段，开展采样返回阶段的工作。

第1节 第三步工程：采样返回

嫦娥探月工程第三步工程的核心是实现月面自动采样返回，"嫦娥五号"探测器是中国首个实施无人月面取样返回的航天器，是嫦娥探月工程中最关键的探测器。"嫦娥五号"探测器的任务也是嫦娥探月工程第一阶段的收官之战。

1. 第三步工程先行官"小飞"

2009年，在嫦娥探月工程第二步工程实施的同时，中国正式启动了第三步工程的方案论证和预先研究。2011年1月7日，国务院批准嫦娥探月工程第三步工程立项，标志着嫦娥探月工程"绕、落、回"三步走的最后一步正式启动。

2014年10月24日，为了进行月球探测器飞行及地球再入试验，"嫦娥五号T1"试验飞船在西昌卫星发射中心发射升空。"嫦娥五号T1"试验飞船取名为"小飞"，试验飞船由服务舱和返回器组成，返回器是一个外形酷似载人飞船返回舱的小型舱体，与"嫦娥五号"探测器的返回器基本一致。飞行期间，试验飞船拍摄了大量精美的地月合照（如图7-1）。

2014年10月31日，返回器顺利降落于内蒙古四子王旗（如图7-2），而服务舱绕地球抬升再次飞往月球，默默地为后来者们"打前站"。11月27日，服务

图7-1 "小飞"在距离地球54万千米处拍摄地月合影

舱进入环绕地–月拉格朗日L2点（简称：地月L2点）的轨道飞行。2015年1月，服务舱再度进入环月轨道后，开展调相控制、远程引导飞行等交会实验，取得丰硕成果。

图7-2　返回器顺利着陆

2. "嫦娥五号"探测器

2020年11月24日4时30分，"嫦娥五号"探测器在海南文昌航天发射场成功发射（如图7-3），开启了我国首次地外天体采样返回之旅。经过约112小时的奔月飞行，"嫦娥五号"探测器在距月面约400千米处成功"刹车"，顺利进入环月轨道。11月29日20时25分，"嫦娥五号"探测器在近月点再次"刹车"，从椭圆轨道变为近圆形环月轨道（如图7-4）。

65

图7-3　"嫦娥五号"探测器发射升空

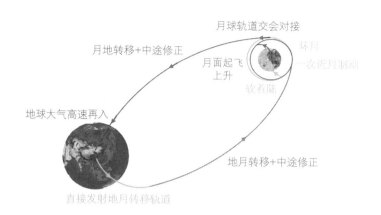

月地转移+中途修正

月球轨道交会对接

环月

月面起飞上升

一次近月制动

软着陆

地球大气高速再入

地月转移+中途修正

直接发射地月转移轨道

图7-4 "嫦娥五号"探测器轨道示意

"嫦娥五号"探测器将实现哪些目标呢？其科学目标主要是开展着陆区的现场探测和分析，建立现场探测数据与实验室分析数据之间的联系；对月球样品进行系统、长期的实验室研究，深化对地月系统（尤其对月球）的起源与演化的认识。其工程目标是突破月球采样返回的相关关键技术；实现我国首次地外天体自动采样返回；完善月球探测体系，为后续任务奠定基础。

第2节　月面自主工作48小时

2020年11月30日4时40分，在科技人员精确控制下，"嫦娥五号"探测器着陆器和上升器组合体与轨道器和返回器组合体成功分离（如图7-5），择机实施月面软着陆（如图7-6）。12月1日23时11分，"嫦娥五号"探测器着陆器和上升器组合体

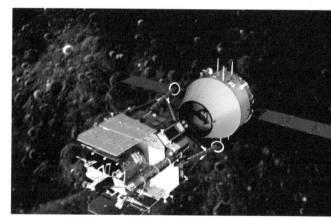

图7-5 "嫦娥五号"探测器着陆器和上升器组合体与轨道器和返回器组合体成功分离

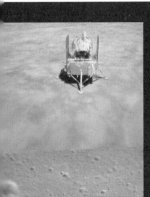

图7-6 "嫦娥五号"探测器着陆画面

图7-7 "嫦娥五号"探测器着陆地区吕姆克山

图7-8 "嫦娥五号"探测器软着陆后降落相机拍摄图片

成功着陆于月球正面风暴洋的吕姆克山脉以北地区（如图7-7），正式开展48小时自主工作（如图7-8）。

67

1. 我国首次月面自动采样

"嫦娥五号"探测器的主要任务是采集月壤样品并返回地球，这也是我国首次月面自动采样。那么"嫦娥五号"探测器是如何"挖土"的呢？"嫦娥五号"探测器采用了钻具钻取和机械臂表取两种模式，采集约2千克月壤并进行密封封装（如图7-9），用时共19小时。

表取采样

图7-9 表取采样

从1969年到1976年，美国6次"阿波罗"载人登月任务和苏联3次无人探测器月球采样任务共带回382千克的月球岩石和土壤样品。美国和苏联的探月研究结果表明，月球上的火山活动在35亿年前达到顶峰，然后减弱并停止。但后来对月面观测发现，月球上某些区域可能含有10亿~20亿年前才形成的火山熔岩。

"嫦娥五号"探测器采回的样品理论上将是有史以来采回的最年轻的月壤（如图7-10），如果能证实月球有更新的火山活动，那么将改写月球的历史。

图7-10 "嫦娥五号"探测器着陆器和上升器组合体

2. 旗开月表，五星闪耀

在完成取样、封装后，"嫦娥五号"上升器在起飞返回环月轨道前要在月面上升起五星红旗。2013年12月15日，在"嫦娥三号"着陆器与"玉兔号"月球车的完美互拍中就已经实现了中国国旗首次亮相月球；2018年12月8日，"嫦娥四号"探测器更是将国旗带向月球背面。这次的国旗亮相又有什么不同呢？

原来，与"嫦娥三号"探测器、"嫦娥四号"探测器及"玉兔号"月球车上采用喷涂方式的国旗不同，"嫦娥五号"探测器上的国旗是一面真正的旗帜。别看这只是一面旗帜，由于宇宙拥有很强的电磁辐射，且月球表面存在－150℃到150℃的温差等恶劣环境，导致普通的国旗在月球上无法使用。"嫦娥五号"探测器携带的国旗的研制难度又迈上了一个台阶。

科研团队在国旗选材上花费的时间就超过了1年，通过对二三十种纤维材料进行热匹配性、耐高低温、防静电、防月球尘埃等多项物理试验后，最终选用了一种新型复合材料作为旗面材质；在国旗展示系统立项初期，设计了多种展示形式。经过科研团队的努力，国旗展示系统成型，整个系统重量在1千克以内，其中国旗重量仅12克，国旗尺寸为2 000毫米×900毫米（如图7-11）。

2020年12月3日，五星红旗终于在月球上"飘扬"，这是五星红旗首次在月面动态展示（如图7-12）。

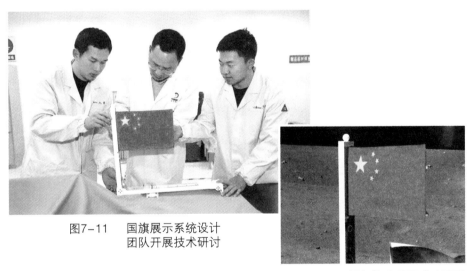

图7-11　国旗展示系统设计
团队开展技术研讨

图7-12　五星红旗在月面成功展开

3. 我国航天器首次在地外天体上起飞

结束48小时的自主工作，"嫦娥五号"上升器起飞返回环月轨道。在月面起飞没有发射场，没有成熟完备的发射塔架，上升器只能站在着陆器身上发射。且月面环境复杂，着陆器不一定是平稳状态，这增加了起飞的难度。整个起飞过程只能依靠航天器自主完成。

2020年12月3日23时10分，"嫦娥五号"上升器在月面点火，成功携带月壤进入到预定环月轨道，实现我国航天器首次在地外天体上起飞（如图7-13）。

图7-13 北京航天飞行控制中心拍摄的"嫦娥五号"上升器点火瞬间

第3节 衣锦还乡

1. 在38万千米外的航天器无人交会对接

"嫦娥五号"上升器飞到月球轨道上，与轨道器和返回器组合体交会对接，把样品交给返回器（如图7-14），让返回器把样品带回地球。

图7-14 轨道器与上升器完成交会对接

2020年12月6日6时12分，"嫦娥五号"上升器将样品容器安全转移至返回器中，我国首次实现航天器月球轨道交会对接。这也是人类航天史上第一次在38万千米外的月球轨道上进行航天器无人交会对接。

12月6日12时35分，"嫦娥五号"轨道器和返回器组合体与上升器成功分离，进入环月等待阶段，准备择机返回地球。而"嫦娥五号"上升器于12月8日按照地面指令受控离轨并降落在月面的预定落点，避免成为太空垃圾。约7天后，"嫦娥五号"轨道器和返回器组合体成功进入月地转移轨道，启程返回地球。

2. 在太空"打水漂"

当"嫦娥五号"返回器带着月壤从月球向地球飞来时，它的飞行速度接近11.2千米/秒的第二宇宙速度。而一般从近地轨道返回的航天器速度大多为7.9千米/秒的第一宇宙速度。可别小看了这3千米/秒的差距，它给航天器再入返回过程带来更大风险。假如"嫦娥五号"返回器再入大气层的速度过快，一头撞向地球，后果不堪设想。

为此，科研人员首次提出了半弹道跳跃式再入返回技术方案。这就像在大气层表面"打水漂"，"嫦娥五号"返回器先高速进入大气层，再借助大气层提供的升力"跳"起来，返回器的速度进一步下降，然后以第一宇宙速度进入大气层，返回地面。

71

3. 衣锦还乡

2020年12月17日1时59分，"嫦娥五号"返回器安全着陆于内蒙古四子王旗着陆场，嫦娥探月工程"嫦娥五号"探测器任务取得圆满成功（如图7-15）。

12月17日晚上，"嫦娥五号"返回器挂着大红花荣归它的诞生地——航天

图7-15 "嫦娥五号"返回器安全着陆

科技集团五院（如图7-16）。

12月19日，国家航天局在北京举行"嫦娥五号"探测器月球样品交接仪式，月球样品被移交至任务地面应用系统（如图7-17）。这标志着"嫦娥五号"探测器由工程实施阶段正式转入科学研究新阶段，拉开我国首次地外天体样品储存、分析和研究工作的序幕。经初步测量，"嫦娥五号"探测器采集月球样品约1 731克。

图7-16　"嫦娥五号"返回器回家

图7-17　月壤进驻月球样品实验室

第4节　登月水稻发芽

1. 登月水稻发芽

在"嫦娥五号"返回器中，还搭载有水稻、苜蓿、燕麦等各类农作物、花卉种子共30余种实验材料。搭载的40克"航聚香丝苗"水稻种子中部分已经试种发芽了（如图7-18），这意味着我国水稻航天育种首次完成深空空间诱变实验，将产出100％中国原创科研成果。

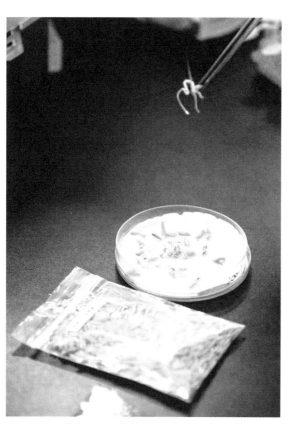

图7-18 "嫦娥五号"探测器搭载的水稻种子，部分已发芽

2. 圆满成功

"嫦娥五号"探测器圆满完成任务，标志着中国成为继美国、苏联之后，第三个成功完成月球采样并带回地球的国家，也是近44年来，人类首次带回38万千米外的月球样品。在这次任务中，连续创造了5项中国首次：一是在地外天体的采样与封装，二是地外天体上的点火起飞、精准入轨，三是月球轨道无人交会对接和样品转移，四是携带月球样品以近第二宇宙速度再入返回，五是建立我国月球样品的存储、分析和研究系统。此次任务的成功实施为嫦娥探月工程"绕、落、回"三步走发展规划画上了圆满句号，标志着我国具备了地月往返能力，夯实我国未来月球与行星探测的基础。嫦娥探月工程第三步工程的科学成果将为未来月球基地的选址提供月面环境、地形、月岩的化学与物理性质等科学依据。

中国科学院院士欧阳自远表示，"嫦娥五号"探测器的成功，不仅有助于科学家研究月球的演化史，更为我国科学家开展火星取样、小行星取样，甚至木星探测等科研工作提供宝贵经验。

73

第8章
CHAPTER
探月的前景与动力

08

人类为什么要探月呢？如果说20世纪50—70年代美国和苏联的探月活动主要出于政治和军事目的，那么20世纪90年代以来的第二轮探月潮则更注重实际，探测眼光更长远，探测计划更科学。探月活动在科学、经济和政治领域的意义更为凸显，对人类的生产和生活有巨大的推动作用。

第1节　嫦娥探月工程未来计划

"嫦娥五号"探测器实现采样返回后，嫦娥探月工程"绕、落、回"三步走发展规划已经实现，但这不是探月任务的终点。

按照目前的规划，我国的探月工程在 2030 年之前至少还要执行 3 次探测任务。第一次是"嫦娥六号"探测任务，计划在月球南极进行采样返回；第二次是"嫦娥七号"探测任务，计划在月球南极进行一次综合探测，包括对月球的地形地貌、物质成分、空间环境等的探测；第三次是"嫦娥八号"探测任务，该任务除了继续进行科学探测试验以外，还要进行基于月壤的 3D 打印等关键技术的月面试验。

从长远的规划来看，我国探月工程还计划载人登月。从更长远的规划来看，还要考虑在月球上建立基地，与我国其他太空探测计划配合，开展全面的太空探索。

与西方发达国家相比，中国在太空探测方面起步较晚，开始时发展速度也比较慢。但随着我国经济实力的提升，科学技术水平的进步，我国的太空探测水平提升快速，与世界一流水平的差距已经大大缩小。可以预期，随着中华民族伟大复兴目标的实现，我国在太空探测方面将会取得更为伟大的成果。

75

第2节　探月是人类永恒的精神追求

月球是距离地球最近的天体，是人类探索浩瀚宇宙的起点。自古以来，月亮就激起了人类无限的遐想与憧憬，产生了各种神话传说、艺术作品和风俗传统。千百年来，人类从未停止前进的脚步，利用一切手段认识、探索和利用月球，从早期的裸眼观测到1609年伽利略利用望远镜观测，再到如今的飞抵探测，月球探索一直承载着人类追逐梦想、勇于探索的精神。

奔月也是中华民族的千年夙愿。中国自古以来，常以月寄情、托月抒情。"嫦娥奔月""玉兔捣药"等千古流传的美丽传说，"明月几时有？把酒问青天"等脍炙人口的经典咏月诗篇，均体现了中华民族对月亮的遐想和神往。

第3节　月球具有丰富的资源

月球可能开发利用的资源主要有三类。

一是高位置资源。通信、气象、资源探测等应用卫星都因为拥有高位置而发挥作用，而月球比人造卫星更"高"。如果在月球上建立对地监测站，那么可以在一定的高度对地面的气候变化、生态演化、环境污染、自然灾害和人类活动等方面进行高精度的监测，为人类的可持续发展做出贡献。

二是微重力和高真空环境资源。月球没有磁场，其重力只有地球的1/6。如果在月球上生产新型合成材料或生物药品，将会获得混合非常均匀的产品。高洁净、微重力的环境对天文观测来说也是非常完美的条件。若在月球表面建立天文观测站和研究基地，其技术要求比哈勃太空望远镜更低，而精度更高。

三是矿产和能源资源。现已发现月岩中有100多种矿产，这些矿产很多是地球上稀有的（如图8-1）。其中，氦-3便是未来可利用的一种核聚变燃料。这是一种无色、无味、无臭的气体，用于核聚变反应堆具有清洁、安全和高效的优点。氦-3的含量在地球上仅有15～20吨，以美国"阿波罗"载人登月计划和苏联探月计划的探测结果为参考标准计算，在月球上有100万~500万吨。据科学家分析，如果能成功利用氦-3核聚变发电，大约10吨氦-3所发的电，就可满足中国一年的用电量；100多吨氦-3所发的电，就能满足全球一年的电力需求。若能实现氦-3核反应堆商业化利用，月壤中的氦-3可供地球使用达数万年——氦-3将成为人类

图8-1　未来的人类月球基地示意

未来的新能源。

　　地球的资源有限，而月球是一座资源丰富的宝库。人类需要开发、利用月球，把地球和月球连成一体，共同支撑人类不断增长的物质、文化等各方面的需求。

　　近年来，美国、俄罗斯、欧洲航天局、日本和印度等国家和组织都制定了长远的月球探测规划。未来探月目标将集中在月球南极的水资源和各类矿藏的勘查、开发与利用，进行全月资源的高精度详查，还包括构建长期无人值守、短期有人照料的月球基地。

第4节 超越经济效益的价值

在中国，目前具有自主知识产权的人工辅助心脏、风力发电机和矿难救生舱等高科技产品都来源于航天技术的转化应用。通过探月，我国形成了完备的空间探测体系，带动了科学技术进步和高等院校人才的培养。

20世纪，美国通过实施"阿波罗"载人登月计划为主的探月工程带动了超高强度和耐高温材料、新型计算机、遥控作业等一大批高科技工业集群的发展。后来许多技术成果陆续转为民用。美国探月工程大约派生出3 000种应用技术成果，这些成果在经济领域得到广泛应用，促进了科技与工业的整体发展与繁荣。美国在信息、生物、新材料等高新技术领域领先于世界，很大部分来自对探月技术的消化、优化和二次开发。

可以说，探月不仅促进航天技术的发展，对新兴学科的诞生与发展，对新型高科技人才队伍的培养与成长，对提高全民的科学素质及人民生活质量的改善等各个方面，都将产生并发挥难以估量的作用。

第5节 探月是国家综合国力的体现

探月是一个国家综合国力的体现。对于任何一个国家来说，通过实施探月工程，都可以激发民族自豪感，增强民族凝聚力。

中国月球探测首席科学家、中国科学院院士欧阳自远（如图8-2）表示："假如我们中国

图8-2 中国月球探测工程首席科学家、中国科学院院士欧阳自远

对月球一直从不问津的话，那么在月球的开发利用上，我们也没有任何发言权，将来也很难维护我们国家的合法权益。"作为世界大国和主要航天国家之一，开展月球探测是我国航天活动发展的必然选择。开展月球探测对我国进一步牢固确立在国际社会的地位，增强中华民族的自豪感和凝聚力，扩大政治影响有着重要意义。

第6节　月球是深空探测的转运站

　　苏联"航天之父"齐奥尔科夫斯基曾说："地球是人类的摇篮，但是人类不会永远生活在摇篮里。"月球作为离地球最近的天体，是人类迈出地球摇篮，走向深空的门槛和实验场。月球是庞大而稳固的"天然空间站"，是人类探测深空的转运站。

79

　　在探测火星方面，有部分科学家认为，登陆火星会遇到和登陆月球类似的问题，解决了登月的问题，可以为登陆火星提供宝贵经验。要把人送上火星，飞行时间长达3年甚至更长，长时间的飞行对宇航员的考验较大。而月球可以作为转运站和宇航员积累太空生活工作经验的实战场。

　　月球上还有很多科学问题至今没有答案，需要人类去探究。探索未知是探月的一大价值。月球探测也仅仅是一个起步，做好第一步，人类还要飞得更远。

第9章

美苏探月重要事件

09

　　1957—1976年，美苏两国代表两大阵营展开了以月球探测为中心的太空竞赛，掀起了第一轮探月高潮。这一时期的月球探测以政治因素为主导，具有任务规模庞大、投入经费巨大的特点。

第1节　苏联"月球号"探月计划

1957年，苏联成功发射了世界首颗人造地球卫星，1958年又发射了首个月球探测器，拉开了人类月球探测的序幕。1959年，苏联开始了"月球号"探月计划，这是人类第一个探月计划。从1959年至1976年，苏联共发射了24个"月球号"无人月球探测器，其中18个完成探月任务，经历了飞越、硬着陆、环绕、软着陆和取样返回等探测阶段。

1. 人类第一个月球探测器——"月球1号"

1959年1月2日，苏联成功发射了世界上第一个月球探测器"月球1号"（如图9-1）。在飞向月球的途中，"月球1号"探测器携带的设备测量了地球和月球的磁场、宇宙射线的强度及其变化，研究了太阳微粒辐射、星际气体成分和流星粒子，并拍摄了照片。按照预定计划，"月球1号"探测器将撞击月球。然而第二天，"月球1号"探测器没有按预定计划飞向月球，而

图9-1　"月球1号"探测器

是在距离月球表面5 995千米处与月球擦肩而过，飞向深空。经过9个月的飞行，"月球1号"探测器于9月26日进入日心轨道，成为人类第一颗太阳系人造行星，它围绕太阳公转，周期为450天。

2. 人类航天器第一次月面硬着陆

1959年9月12日，苏联成功发射了"月球2号"探测器。9月14日，

"月球2号"探测器（如图9-2）在月面的澄海硬着陆，成为第一个到达月球的月球探测器。"月球2号"探测器在硬着陆前传回了月面图像、月球磁场和辐射带的重要信息。它的探测结果表明，月球没有磁场，周围没有像地球的范艾伦带一样的辐射带。

图9-2 "月球2号"探测器

3. 首次揭开月球背面神秘面纱

1959年10月4日，苏联成功发射了"月球3号"探测器。"月球3号"探测器的主要任务是揭开月球背面的神秘面纱。它环绕月球飞行，在经过月球背面的40分钟时间里，携带的两个光学相机对月面进行拍摄，拍摄的范围覆盖月球背面70%的区域，人类第一次看到了月球背面的神秘面孔。从"月球3号"探测器传回的照片可以看到，月球背面几乎没有月海，布满了环形山（如图9-3）。

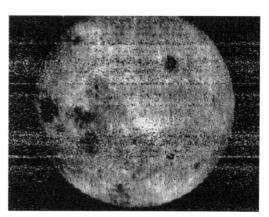

在获得这些图像后，苏联天文学家对月球背面的地貌进行命名。为纪念苏联火箭研究先驱——齐奥尔科夫斯基，苏联将其中一个底部黝黑的周壁平原命名为齐奥尔科夫斯基；还有一个地质特征被命名为莫斯科海。美国加入月球探测活动后，整个命名事宜由国际天文学联合会统一协调处理。

图9-3 "月球3号"探测器传回的首张月球照片

4. 屡败屡"探"——首次月面软着陆

1963—1965年，苏联共发射了"月球4号"至"月球8号"共5个探测器，目标是进一步探测月球和进行月球软着陆。然而这五次探测任务均以

图9-4　"月球9号"探测器

图9-5　"月球9号"探测器发回的月面图

失败告终。

1966年1月31日，"月球9号"探测器（如图9-4）发射升空，经过79小时的长途飞行，于2月3日成功降落在月球表面的风暴洋附近，成为世界首个在月球上成功软着陆的探测器。

"月球9号"探测器还是首次把科学仪器送上月球的探测器。它着陆约4分钟后，就开始对月球进行科学探测。7小时后，"月球9号"探测器向地球传送了世界首张月球表面的黑白全景高清晰照片（如图9-5）。此外，它还测定了月球表面辐射量。2月7日，"月球9号"探测器因电池电量耗尽而停止向地球传送信息。

5. 辉煌探月年——1966年

1966年3月31日，苏联发射了"月球10号"探测器（如图9-6）。几天后，探测器进入环绕月球飞行的椭圆轨道，成为首颗人造月球卫星。

"月球10号"探测器一共在轨56天，绕月飞行了460周，传回了大量的科学信息。它测量了月球表面的射电辐射，对月球的成分进行了分析。探测结果表明，月球上的岩石与地球的火山岩相似。此外，"月球10号"探测器还证明了月球轨道外的辐射远未达到宇航员可承受的极限。

1966年是苏联探月史上成功的一年，苏联成功发射了"月球10号"至"月球13号"共4个月球探测器，并且在月球探测技术领域飞跃发展。

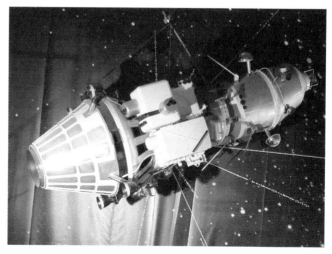

图9-6　"月球10号"探测器模型

6. 第一次实现无人探测器月球采样返回

1970年9月12日，苏联发射了"月球16号"探测器。9月20日，"月球16号"探测器在月球轨道上飞行了75小时后，成功实现月面软着陆。着陆后不到1小时，"月球16号"探测器上的自动钻机开始工作，在月面钻探35厘米，钻取了105克月壤样品。"月球16号"探测器在月面上工作了26小时25分钟，9月24日，探测器的返回舱安全降落在苏联境内。此前的月球探测器都是"有去无回"，"月球16号"探测器成功在月球采集月壤样品，探测器的返回舱成功返回地球，是世界上第一个将月壤样品送回地球的自动装置（如图9-7）。

图9-7　"月球16号"探测器钻取的月壤样品

7. 人类第一次月球车月面巡视勘察

1970年11月10日，"月球17号"探测器发射成功。11月17日，"月球17号"探测器在月面雨海区域成功实现软着陆，并把世界首个月面巡视探测器——"月球车1号"送上月球巡视探测。"月球车1号"安装了电视系统，用来给地面控制人员指挥月球车行走。

"月球车1号"的设计寿命为90天。后来它在月面上运行了322天，共行驶了10.54千米，勘察了8万平方米的月面，拍摄超过2万张照片，在行车线的500个点上对月壤进行了物理测试和力学特性分析，并对25个点的月壤进行了化学分析。后来，直至它携带的核能耗尽才停止工作。

1973年1月8日，"月球21号"探测器成功发射，并把苏联第二辆月球车"月球车2号"送上月面。"月球车2号"（如图9-8）在澄海地区登陆勘察，在月面上工作了125天，行走了37千米，拍摄了86张细部的全景照片，以3秒间隔共发回8万张远程照片。这次探月得到了月球轨道的精确参数，研究了月球表面海陆接壤的土壤特性。

图9-8 "月球车2号"

1976年8月9日，苏联最后一个月球探测器"月球24号"发射升空。"月球24号"探测器在月面钻采并送回170.1克月壤样品。至此，苏联对月球的无人探测宣告结束。

美苏探月竞赛初期，苏联创造了对月球撞击、飞越、软着陆和环绕等多项世界第一，处于领先地位（表9-1）。但后续，苏联载人登月计划屡遭挫折，用于载人登月的N-1重型运载火箭4次试验发射连续失败，特别是后两次发射爆炸造成塔毁人亡，损失惨重，最终苏联载人登月计划被迫放弃。

86

表9-1 "月球号"探测器

探测器序号	发射时间	结果
1	1959年1月2日	成为第一颗太阳系人造行星
2	1959年9月12日	第一个到达月球的月球探测器
3	1959年10月4日	拍摄的范围覆盖月球背面70%的区域
4	1963年4月2日	月面软着陆失败,进入日心轨道
5	1965年5月9日	月面软着陆失败,直接击中月球并损毁
6	1965年6月8日	月面软着陆失败,进入日心轨道
7	1965年10月4日	月面软着陆失败,撞到月球表面
8	1965年12月3日	月面软着陆失败,撞到月球表面
9	1966年1月31日	世界首个在月球上实现软着陆的探测器
10	1966年3月31日	首颗人造月球卫星
11	1966年8月24日	第二颗人造月球卫星
12	1966年10月22日	第三颗人造月球卫星
13	1966年12月21日	苏联第二颗成功实现软着陆的探测器
14	1968年4月7日	进入月球轨道并绕月飞行
15	1969年7月13日	绕月飞行仅4天就结束探月之旅
16	1970年9月12日	第一次实现无人月球采样返回
17	1970年11月10日	人类第一次月球车("月球车1号")巡视勘察
18	1971年9月2日	在月面上撞毁
19	1971年9月28日	成功绕月飞行
20	1972年2月14日	在月面上采样并成功返回
21	1973年1月8日	携带"月球车2号"软着陆月面进行巡视勘察
22	1974年5月29日	绕月飞行
23	1974年10月28日	软着陆失败
24	1976年8月9日	在月面上采样并成功返回

第2节 美国探月计划

1958—1976年，美国共发射了7个系列54个月球探测器，其中"先驱者"系列、"徘徊者"系列、"月球轨道飞行器"系列和"勘测者"系列的任务是为阿波罗载人登月计划做前期探索和技术准备。

1. 探月先驱——"先驱者"系列探测器

1958—1959年，美国发射首批月球探测器"先驱者"系列，其任务目标是在飞经月球时最大限度靠近月球，以便向地球发回准确的探测数据。

"先驱者1号"至"先驱者3号"探测器均失败，只有"先驱者4号"探测器勉强成功，为后来的探月活动奠定了基础。

2. 月球硬着陆——"徘徊者"系列探测器

"徘徊者"系列探测器的主要目的是进行月球硬着陆实验。原计划发射5个月球探测器，而实际上在1961—1965年，共发射了9个"徘徊者"探测器。

"徘徊者"系列探测器前6个失败，后3个成功，共发回17 259张图片，为"勘测者"系列探测器和"阿波罗"系列飞船探测活动提供了大量有价值的数据。科学家对"徘徊者"系列探测器拍摄的月球照片进行分析（如图9-9），认为月球上的月海与山口平滑的环形山，没有大的鹅卵石，没有裂缝。

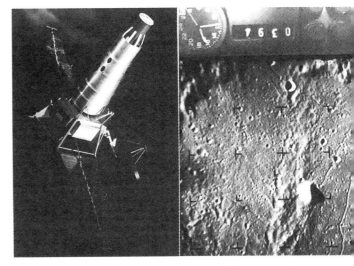

图9-9 "徘徊者7号"探测器与拍摄的月球照片

87

3．绕月测绘——"月球轨道飞行器"

1966—1967年，美国发射了5个"月球轨道飞行器"，"月球轨道飞行器"系列探测的主要任务是从月球轨道上拍摄月面地形图，为载人登月选择着陆点做准备。5个探测器全部获得成功。"月球轨道飞行器"系列探测器为后续载人登月选择着陆点提供了遥感数据。

4．不载人软着陆——"勘测者"系列探测器

"勘测者"系列探测器是为"阿波罗"载人登月计划而制定的不载人软着陆试验。在1966年5月—1968年1月，美国共发射了7个"勘测者"系列月球探测器。

"勘测者"系列探测器有2个失败，5个成功，探测任务不仅突破了软着陆的关键技术，还获取了大量月球资料，考察了"阿波罗"载人登月计划预选登月地点中有代表性的地区，发现这些地区足以支撑住"阿波罗"系列飞船登月舱（如图9-10），但月面上的岩石块很小，可能对载人登月不利。这个信息对"阿波罗"载人登月计划是非常重要的。

图9-10　"勘测者7号"探测器拍摄部分照片合成的第谷坑北部图像

5．划时代的阿波罗载人登月计划

1961年5月25日，美国总统肯尼迪宣布在20世纪60年代结束之前，将把人送上月球并安全返回地面，"阿波罗"载人登月计划正式启动。

（1）"壮志未酬"的"阿波罗1号"飞船：1967年1月27日，"阿波罗1号"飞船在地面进行载人联合模拟飞行试验（如图9-11），试验过程

先后出现宇航服供氧流量不足和通讯不畅等问题。更为严重的是，飞船座舱失火，营救人员来不及打开舱门，3名宇航员古斯·格里索姆、爱德华·怀特和罗吉尔·查菲在这场火灾中遇难。

图9-11 "阿波罗1号"飞船3名宇航员进行训练

牺牲的勇士的形象时常萦绕在阿波罗飞船的设计者和工程师们的脑海中。格里索姆曾说："如果我们牺牲了，希望人们能够接受。我们是在从事一项极具风险的事业，如果事故真的发生在我们身上，我们希望不要因此影响整个登月计划。征服太空值得拿生命去冒险。"美国没有因为这次意外事故而终止整个登月计划的进行，而是用一年的时间全面检查计划和改进飞船设计，避免悲剧再发生。

（2）无人飞船：吸取"阿波罗1号"飞船的惨痛教训，美国在1967年到1968年发射无人飞船"阿波罗2号"至"阿波罗6号"，在地球轨道上进行飞行试验。

从1968年到1969年，美国发射了"阿波罗7号"至"阿波罗10号"飞船，主要任务是进行载人飞行试验，检验飞船的可靠性，均完成了试验任务。其中"阿波罗8号"飞船第一次成功实现载人绕月飞行。

（3）人类第一次登月的"阿波罗11号"飞船：1969年7月16日休斯敦时间9时32分，尼尔·阿姆斯特朗、巴兹·奥尔德林和迈克尔·柯林斯3名宇航员乘坐"阿波罗11号"飞船发射升空。这次他们的飞行任务是实现人类的第一次登月（如图9-12）。

图9-12 "阿波罗11号"飞船宇航员：阿姆斯特朗（左）、柯林斯和奥尔德林（右）

图9-13 踏上月球的第一只脚

"阿波罗11号"飞船在月面着陆后。阿姆斯特朗首先踏上月球，成为人类首个在月球行走的宇航员（如图9-13）。他说出第一句话："对于一个人来说这是一小步，对于人类来说这是巨大的一步。"20分钟后，奥尔德林也走出登月舱，踏上了月球，成为第二位在月球行走的宇航员。

阿姆斯特朗主要负责采集月球岩石样品，他采集了21千克左右的月球岩石。奥尔德林将太阳风测试仪展开，负责进行太阳风科学实验。他还在月球表面留下月震仪和激光发射器。完成任务后，两名宇航员乘坐登月舱离开月面，与月球轨道上的柯林斯汇合。在195小时18分钟35秒的登月旅行之后，"阿波罗11号"飞船的3名宇航员安全回到了地球。至此，人类实现第一次登月。

（4）虽败犹荣的"阿波罗13号"飞船：1970年4月11日，宇航员詹姆斯·洛弗尔、约翰·斯威格特和弗雷德·海斯乘坐"阿波罗13号"飞船发射升空。飞船在进入绕月轨道前，服务舱氧气罐发生爆炸，电力和氧气大量损失，宇航员不得不放弃登月。在3名宇航员与地面控制人员的密切配合下，飞船最终成功返回地球，成为登月史上最著名的一次成功的"失败"（如图9-14）。安全返回，虽败犹荣。3名宇航员及地面控制人员的英勇事迹后来也被拍成电影《阿波罗13号》。

图9-14 正被救援的"阿波罗13号"飞船的宇航员

图9-15 "阿波罗17号"飞船的宇航员正在采集月岩样品

图9-16 "阿波罗17号"飞船的月球车在月球表面

91

（5）登月"四连胜"：1971年到1972年，美国成功实现四次载人登月（如图9-15）。随着科学技术的不断提高与发展，人类在月球上停留的时间越来越长，对月球的科学考察愈加深入（如图9-16）。

"阿波罗"载人登月计划原定19次飞行，但在美国国内认为耗资过大的舆论压力下，最后以"阿波罗17号"飞船安全返回而宣告结束。美国率先实现载人登月探测（目前只有美国成功实施了载人登月探测），在美苏探月竞赛中获得了胜利（表9-2）。

表9-2 "阿波罗"系列飞船任务

飞船序号	发射时间	宇航员	结果
1号	1967年1月27日	古斯·格里索姆、爱德华·怀特和罗吉尔·查菲	3名宇航员在火灾中遇难
2~6号	1967—1968年	不载人	在地球轨道上进行飞行试验
7号	1968年10月11日	沃尔特·希拉、唐·艾西尔和沃尔特·坎宁安	飞船飞行了11天，完成试验目的

（续上表）

飞船序号	发射时间	宇航员	结果
8号	1968年12月21日	弗兰克·博尔曼、詹姆斯·洛弗尔和威廉·安德斯	第一次成功实现载人绕月飞行
9号	1969年3月3日	詹姆斯·麦克迪维特、大卫·斯科特和拉塞尔·施威卡特	模拟登月飞行，并完成绕月轨道飞行
10号	1969年5月18日	托马斯·斯坦福德、约翰·扬和尤金·塞尔南	为"阿波罗11号"飞船考察着陆点，顺利完成任务
11号	1969年7月16日	尼尔·阿姆斯特朗、巴兹·奥尔德林和迈克尔·柯林斯	实现人类的第一次登月
12号	1969年11月14日	查尔斯·康德拉、理查德·戈登和艾伦·比恩	人类第二个成功载人登月的探测器
13号	1970年4月11日	詹姆斯·洛弗尔、约翰·斯威格特和弗莱德·海斯	失败，但宇航员安全返回地球
14号	1971年1月31日	艾伦·谢泼德、埃德加·米切尔和斯图尔特·鲁萨	采集了月球样品；在月球上安装了探测仪
15号	1971年7月26日	大卫·斯科特、阿尔弗莱德·沃登和詹姆斯·欧文	采集月球样品；首次使用月球车；释放一颗人造月球卫星
16号	1972年4月16日	约翰·扬、肯·马丁利和查尔斯·杜克	采集月球样品；第二次携带月球车登月勘察；释放一颗人造月球卫星
17号	1972年12月7日	尤金·塞尔南、罗纳德·埃万斯和哈里森·杰克·施密特	人类第六次成功登月，为阿波罗计划画上句号

92

在探月竞赛之后，美苏两国将航天探测重心转向近地轨道载人航天，苏联重点发展空间站，美国则重点发展航天飞机，探月航天活动进入长达20年的寂静期，期间两国主要开展月球数据和样品的分析研究。

1994年美国发射"克莱门汀"环月探测器进行绕月探测，发现在月球南极可能存在水冰，引起国际广泛关注。欧洲航天局、日本、印度和以色列等多个国家和组织纷纷加入月球探测行列，开启了延续至今的第二轮探月高潮。